Interim Manager berichten aus der Praxis

Management in China

Leitfaden zur praktischen, interkulturellen Umsetzung

Geschäftsentwicklung, Restrukturierung, Einkauf, Vertrieb, Fertigung, Logistik, Standortwahl, Qualitätsmanagement

Autor: Karlheinz Zuerl

Reihe: Von Interim Managern lernen

Herausgeber: Dr. Harald Schönfeld

Karlheinz Zuerl
Interim Manager

Interim Manager berichten aus der Praxis

Management in China

Leitfaden zur praktischen, interkulturellen Umsetzung

Geschäftsentwicklung, Restrukturierung, Einkauf, Vertrieb, Fertigung, Logistik, Standortwahl, Qualitätsmanagement

Mit einem Vorwort von Hang Nguyen, Generalsekretärin Diplomatic Council, und einer Einführung von Dr. Harald Schönfeld, Gründer/Geschäftsführer United Interim

Reihe „Von Interim Managern lernen“
Hrsg: Dr. Harald Schönfeld

Diplomatic Council Publishing

1. Auflage 2023

Bibliografische Informationen der Deutschen Nationalbibliothek

Die Deutsche Nationalbibliothek verzeichnet die Publikation in der Deutschen Nationalbibliografie; detaillierte bibliografische Daten sind im Internet über http://dnb.d-nb.de abrufbar. Printed in the Federal Republic of Germany.

Gedruckt auf säurefreiem Papier.

Gestaltung, Cover, Satz: IMS International Media Services, Wiesbaden

Print ISBN: 978-3-98674-063-4

E-Book ISBN: 978-3-98674-064-1

Anerkennung und Danksagungen des Autors

Ich möchte mich bei meiner lieben Familie in Deutschland und China bedanken, insbesondere bei meiner geliebten Frau Zheng und meinem lieben Sohn Adrian, die mich sehr unterstützt haben, um jedes Projekt erfolgreich abzuschließen. Sie haben mich in allen schwierigen Zeiten unermüdlich ermutigt und unterstützt, sie haben mich nie im Stich gelassen. Sie haben mich beraten, wann immer ich Hilfe brauchte. Ich danke ihnen so sehr, denn alle Erfahrungen, die ich in China gesammelt habe, stammen von ihnen. Ohne ihre Unterstützung wäre ich in all den Jahren in China nicht zur richtigen Zeit am richtigen Ort gewesen.

Ich bedanke mich herzlich bei vielen privaten und öffentlichen Unternehmen, die mir wissentlich oder unwissentlich geholfen haben, meine Projekte zu verwirklichen. Mein Dank geht an die folgenden Unternehmen: Schäfer, Weingut Gerhard, Siemens, BMW, General Motors, Opel, Valeo, Grob, WEMA, ZF, Continental, Dr. Schneider, Bosch, Schaeffler, GTEC, DUSA, HSBC, Zapi Group. Ohne diese Unternehmen wäre mein Leben nicht das, was es heute ist.

Ich bin den folgenden Personen zu großem Dank verpflichtet, die alles in ihrer Macht Stehende getan haben, um sicherzustellen, dass ich meine Projekte abschließen kann. Marissa und Thomas aus Melbourne in Australien, Christian Sommer, Michael Bauer, Dongjin Li, Andreas Seidel, Dr. Jasmine Huang, Dr. Röhr, Wang Zhenyu und Olivia Zhang, sowie Lothar Wolf aus Shanghai, Ulrich Mäder aus Ningbo, Tom Mayer aus München, Familie Usner aus Augsburg, Gerhard Horn aus dem Landkreis Kronach und Familie Popp aus Wunsiedel in Oberfranken. Diejenigen, die ich nicht erwähnt habe, mein Herz geht für Sie alle auf. Ich danke Ihnen!

Inhalt

Vorwort des Diplomatic Council

Es gibt keine anderen Führungskräfte als Interim Manager, die im Laufe ihres Berufslebens so viele Unternehmen und so viele verschiedene unternehmerische Herausforderungen kennenlernen. Daher wurde es höchste Zeit, eine eigene Buchreihe „Von Interim Managern lernen“ aufzulegen, um dieses geballte Know-how zu bündeln und einer breiteren Fachöffentlichkeit zugänglich zu machen. In diesem Kontext ist die vorliegende Veröffentlichung des Interim Managers Karlheinz Zuerl zu betrachten.

Das Diplomatic Council (DC), ein globaler Think Tank mit Beraterstatus bei den Vereinten Nationen (UNO), hat sich United Interim (UI), das führende Netzwerk qualifizierter Interim Manager im deutschsprachigen Raum, zum Partner gewählt. Der Herausgeber der Buchreihe, Dr. Harald Schönfeld, ist zugleich einer der Gründer und Geschäftsführer von United Interim; er kennt daher dieses Marktsegment besser als irgendjemand anderes. Dieses Wissen gepaart mit einem langjährig entwickelten, vertrauensvollen und persönlichen Verhältnis zu praktisch allen qualifizierten Interim Managern von Relevanz im deutschsprachigen Raum gewährleistet, dass in der Buchreihe „Von Interim Managern lernen“ tatsächlich nur die Besten der Besten zu Wort kommen.

Dieses geballte Know-how stellen wir einmal mehr im Band „Interim Manager berichten aus der Praxis: Management in China“ zur Verfügung. Der Autor Karlheinz Zuerl könnte nicht besser für dieses Thema geeignet sein. Seit vielen Jahren ist er als Interim Manager in unterschiedlichen Projekten in China engagiert. In diesem Buch verrät er, wie Führung im bevölkerungsreichsten Land der Erde funktioniert, welche Hürden zu nehmen und welche Klippen zu umschiffen sind, um wirtschaftliche Erfolge verzeichnen zu können.

Das vorliegende Buch ist ein aus jahrelangen Erfahrungen erwachsener Ratgeber, der für Entscheidungsträger, die geschäftlich in China erfolgreich sein wollen, zur Pflichtlektüre zählt. Noch besser: Wer über den Rat hinaus tatkräftige Unterstützung bei Strategie und/oder Umsetzung benötigt, kann den Verfasser des Buches direkt ansprechen. Sein Profil inklusive Kontaktdaten befindet sich in der Sektion „Über den Autor“ am Ende des Werkes. Denn Karlheinz Zuerl ist nicht in erster Linie Autor, sondern er ist vor allem Interim Manager, der eben nicht nur mit Rat, sondern insbesondere auch mit Tat zur Seite steht.

In diesem Sinne wünsche ich dem neuen Band einen guten Start, mögen die geneigten Leserinnen und Leser ein Maximum an Nutzen aus der Lektüre ziehen. Mein Dank gilt dem Interim Manager Karlheinz Zuerl, der sich die Zeit genommen hat und bereit ist, sein profundes Know-how in diesem Werk darzustellen, und natürlich dem Herausgeber; beide haben sich um die hohe Qualität verdient gemacht.

Hang Nguyen

Generalsekretärin Diplomatic Council

Vorwort des Autors

Im Jahr 1993 kam ich erstmalig nach China – geschäftlich, versteht sich, denn darum geht es in diesem Buch: Wie man in China mit geschickter Führung ein Geschäft am besten voranbringt. Seit 2008 entdeckte ich weitere asiatische Länder und arbeitete auch dort. Als Unternehmer und Geschäftsmann habe ich in Asien geschäftlich wie auch privat Fuß gefasst. Das versetzt mich, so meine ich, nicht nur in die Lage, mit gängigen Irrtümern über China aufzuräumen, sondern vor allem auch gangbare Wege zu mehr Business aufzuzeigen.

Bei jedem Projekt habe ich das fernöstliche Land in meinem jeweiligen betrieblichen Umfeld der westlichen Welt und insbesondere Europa ein Stück weit näher gebracht. So gelang es mir tatsächlich, alle meine Projekte erfolgreich abzuschließen.

Fallstricke in Asien für Europäer

Ich will offen sein: Als gebürtiger Europäer waren Fallstricke bei meinem Schaffen in Asien nicht zu vermeiden. Doch was ich gelernt habe ist, jeden Fehler nur einmal zu machen. Daraus ist im Laufe der Jahre eine enorme kulturelle und industrielle Erfahrung in Asien entstanden, die heute einen Garant für neue Projekte darstellt, mit denen ich beauftragt werde. Dabei reichen meine Mandate vom klassischen General Management bis hin zur Führungskräfteberatung für Transformationen in der Supply Chain und im Qualitätsmanagement.

Jetzt werden Sie verstehen, warum es mich drängt, mein Know-how nicht nur in Projekten einzusetzen, sondern auch im vorliegenden Buch zu Papier zu bringen.

Schwerpunkte des Buches

Dabei setze ich folgende Schwerpunkte auf den nachfolgenden Seiten:

- o bewährte Verfahren in der Produktion und bei der Einführung einer schlanken Fertigung;
- o wie man den Betrieb und das Qualitätsmanagement umstrukturiert, um 0 Fehler zu erreichen;
- o wie man Mitarbeiter in eine lernende Organisation einbindet,
- o wie man das Geschäft mit Umsatz- und Gewinnwachstum entwickelt;
- o wie man die Lieferkette verbessert und enorme Kosteneinsparungen erzielt;
- o wie man den Auslastungsgrad von Maschinen ohne zusätzliche Investitionen erhöhen kann;
- o wie man neue Standorte für Fabriken in China findet, und wie man Projektmanagement für die Verlagerung implementiert;
- o wie man die Verkaufsorganisation verbessert, um mehr Verträge abzuschließen und mehr Aufträge zu erhalten;
- o wie man den Einkaufsbereich umstrukturiert, um Kosten im Umgang mit unproduktivem und produktivem Material zu sparen;

- Umstrukturierung des Projektmanagements zur Einhaltung von Terminen und Vermeidung von Qualitätsproblemen, um den Start der Serienproduktion zu sichern;
- wie man effektiv mit Compliance-Prozessen in der Lieferkette und Verbesserungen umgeht;
- Best Practice im Kundenbeziehungsmanagement, um verloren gegangenes Vertrauen zurückzugewinnen und mehr Aufträge zu erhalten.

Zum Abschluss möchte ich mich an Sie persönlich wenden: Zögern Sie nicht, mich zu kontaktieren, wenn Sie Fragen oder Anmerkungen zu diesem Buch haben, oder wenn Sie meine Expertise in Anspruch nehmen wollen. Meine Kontaktdaten finden Sie am Ende dieses Werkes.

Jetzt bleibt mir nur noch, Ihnen eine erkenntnisreiche Lektüre zu wünschen.

Karlheinz Zuerl

Autor und Interim Manager

Von Interim Managern lernen

Einführung von Dr. Harald Schönfeld, Gründer und Geschäftsführer von UnitedInterim

„Es ist eine Kunst, wie professionelle Interim Manager wie Karlheinz Zuerl Menschen und Organisationen in dynamischen Märkten durch Prozesse der Veränderung führen, sie dabei stärken und ihnen konkret in ihrem Praxisalltag an der Seite stehen, bis sie ihre definierten Ziele erreicht haben. Dann geht es weiter zum nächsten Mandanten."

Interim Manager: Was ist das und worum geht es?

Zeiten voller Krisen und kaum vorhersehbarer „Schwarzer Schwäne" wie Corona-Pandemie, Ukraine-Krieg, Energiepreisexplosion, zeitweises Zusammenbrechen der Lieferketten oder ungeahnte Entwicklungen in China sind voller Herausforderungen. Natürlich ist es dabei wichtig, Themen wie Liquidität und Kosten im Blick zu haben. Doch gerade in Zeiten, in denen eine „VUCA-Welt" immer sichtbarer wird, sind Unternehmen in einzigartiger Weise gefordert, sich ständig zu wandeln und Antworten auf neue Zukunftsfragen zu finden. In dynamischen, sich immer schneller verändernden Märkten wird die zügige und sichere Umsetzung von Veränderungen zu einem erfolgskritischen Faktor.

Angesichts all der Veränderungen ist die Fähigkeit eines Unternehmens, sich selbst zielgerichtet anzupassen – sich zu „transformieren" – notwendig. Das ist jedoch etwas, das auf der Managementseite andere oder zusätzliche Arbeitskapazitäten und Kompetenzen erfordert, als bewährte und in der Vergangenheit erfolgreiche Prozesse und Routinen in immer weiter optimierender Weise auszuführen: manchmal auch nur für eine bestimmte Aufgabe, eine bestimmte Phase oder einen definierten Zeitraum.

Der erste Engpass liegt – vor allem im Mittelstand – häufig bei den Kapazitäten: Bewährten Führungskräften im Hause können nur selten neben ihrem Tagesgeschäft noch weitere Projekte auf die Schultern gelegt werden. Die Managementkapazitäten sind zumeist „auch schon so" komplett ausgereizt. Der zweite Engpass betrifft das Wissen: Gerade bei neuen Themen sind aktuelles Know-how oder eine Spezialkompetenz notwendig. Beides muss zügig im Unternehmen verankert werden, denn der Markt wartet selten. Aufwändige und zeitintensive Weiterbildungen oder die Rekrutierung spezialisierter Experten am Arbeitsmarkt sind nicht immer die Lösungen der Wahl, wenn die Zeit drängt.

An dieser Stelle kommen Interim Manager ins Spiel: als Experten für die Gestaltung und Umsetzung von Transformationen. Das Besondere an ihnen sind nicht nur der zeitliche Faktor, also eine Tätigkeit „ad interim", und die kurzfristige Verfügbarkeit mit einem Projektstart innerhalb weniger Tage. Hinzu kommt ihre in vielen Berufsjahren und vielen Projekten erworbene Erfahrung,

- was in der Praxis – und nicht nur in Hochglanzbroschüren oder auf den bunten Charts von Consultants – wirklich funktioniert, und

- wie die betreffenden Menschen und Organisationen dorthin gelangen, und zwar möglichst sicher (Quality), möglichst zügig (Time), bei vertretbarem Aufwand (Costs) – und möglichst nachhaltig in der Wirkung.

Es gibt wohl kaum eine Berufsgruppe, die mehr über die betriebliche Praxis weiß als Interim Manager. Weil sie im Laufe ihres Berufslebens viele verschiedene Unternehmen sowie unterschiedliche Situation und Herausforderungen kennen lernen, stellen ihre Erfahrungen und ihr Know-how einen wahren Schatz dar. Bei Transformationen, bei denen im Alltag durchaus Emotionen, „innere Welten“ und Unternehmenspolitik eine Rolle spielen, profitieren ihre Auftraggeber vor allem von

- ihrer neutralen und nur der Aufgabe verpflichteten Sichtweise,
- ihrer Nicht-Eingebundenheit in politische Konstellationen, „Seilschaften“ oder gar „Königreiche“,
- den fehlenden Karriereinteressen in eigener Sache,
- einer besonderen, projektorientierten Arbeitsmethodik in Veränderungsprozessen, und
- einem vertrauensbildenden Track Record, ähnliche Aufgaben an anderer Stelle bereits mehrfach erfolgreich bewältigt zu haben.

Wird all dies kombiniert mit

- aktuellem Wissen rund um das Fachthema (erworben unter anderem durch kontinuierliche Weiterbildung), und
- einer Sensibilität für die vorliegende Unternehmenskultur mit der Fähigkeit, in den Worten die passende Ansprache und im Handeln das notwendige Vorbild sein zu können,

dann prädestiniert es sie geradezu, ein wichtiger oder gar federführender Teil der Erfolgsstory von Transformationsprozessen zu sein.

Es soll dazu noch ergänzt werden, dass Interim Manager, die Transformationsprozesse erfolgreich für andere umsetzen, auch für sich selbst die Kompetenzen bzw. persönliche Reife entwickelt haben müssen, die Spannungen, Konflikte, Diskussionen und Unsicherheiten auszuhalten, die Veränderungen mit sich bringen. Meist stehen persönliche Erlebnisse hinter den Kompetenzen. („*Habe ich selbst auch schon erlebt – Ich kann nachfühlen, wie es Ihnen jetzt geht*".) Das kann im Hinblick auf eine Vorbild- bzw. Führungsfunktion – insbesondere für Mitarbeitende, die in unsicheren Zeiten durchaus Empathie und Orientierung schätzen – zusätzliche Sicherheit und Vertrauen geben, einen neuen Weg zu beschreiten.

Interim Manager unterstützen Unternehmen indes nicht nur bei der Umsetzung „normaler" Transformationen rund um definierte Themen oder Ziele. Sie können ebenfalls – quasi projektbegleitend und als Zusatznutzen – für nachhaltige Resilienz sorgen. Dazu gehört das bewusste Einbauen von Redundanzen und Sicherheitsnetzen in die Prozesse. Oder sie fördern die Entwicklung von Antifragilität: Das betrifft die Fähigkeit von Unternehmen, als Ergebnis von Schocks, Volatilität, Fehlern, Störungen, Angriffen oder Ausfällen zu wachsen und zu gedeihen. Dazu gehört der Mut, bisherige Wege zu verlassen, zu lernen und sich auf Neues in all seiner Unsicherheit einzulassen.

In den meisten Fällen kann ein Interim Manager sein Wissen zudem an das Team weitergeben und dafür sorgen, dass der interne Kompetenzaufbau zügig und praxisbezogen klappt. Gutes Interim Management beinhaltet damit noch einen ganz pragmatischen Know-how-Transfer on the job. Das betrifft nicht nur neues fachliches Wissen. Mitarbeitende und Kollegen in der Unternehmensführung, die einen Transformationsprozess zusammen mit einem Profi durchlebt haben, lernen rund um vier Fragenkomplexe:

(1) Einstellung: Wie verhalten wir uns, wenn wir nicht mehr zielführende Gegebenheiten im Unternehmen feststellen? Wie gehen wir dabei mit liebgewordenen Routinen und Denkhaltungen um, die in der Vergangenheit durchaus erfolgreich waren, nun aber nicht mehr richtig weiterhelfen?

(2) Emotion: Wie können wir uns kontinuierlich emotional darin stärken, uns auf Neues (durchaus nicht ungeprüft) einzulassen? Wie erarbeiten wir uns dabei ein notwendiges Maß an innerer Sicherheit und wie können wir dies spüren?

(3) Methodik: Wie erweitern wir unseren Werkzeugkasten im Management um Methoden, die Anforderungen einer zunehmend sichtbar werdenden VUCA-Welt systematisch in unserem Unternehmen zu verankern, auch wenn das gegebenenfalls im ersten Schritt zusätzliche Arbeit und Investitionen betrifft?

(4) Zukunftssicherung und Erwartung weiterer Veränderungen über die heute zu lösende Situation hinaus (Prävention): Wie sorge ich für nachhaltige Resilienz und Antifragilität im Unternehmen – auch wenn das in einem Quartal Geld kostet? Was kann ich vielleicht mit kleinem Aufwand schon heute gleich mitmachen?

Interim Manager: Spezialisierte Experten für die Umsetzung

Den Begriff „Interim Manager" gibt es im deutschen Sprachraum seit mehr als 40 Jahren. In dieser Zeit haben sich die Aufgabenstellungen und Rollen natürlich verändert, für die Interim Manager engagiert werden – ebenso wie die Kompetenzen und Qualifikationen, die notwendig sind, um Mehrwert zu erzielen und langfristig erfolgreich zu sein. Standen am Anfang in erster Linie die Restrukturierung und Sanierung sowie Projekte auf oberster Unternehmensebene im Vordergrund, so ist es heute eine vielfältige, bunte Mischung an Themen geworden.

Die Online-Ausgabe des Gabler Wirtschaftslexikons gibt folgende Definition (Interim Management, 2018):

Beim Interim Management arbeiten selbstständig tätige Interim Manager für einen definierten Zeitraum (üblicherweise 3-18 Monate) i.d.R. in unternehmerischer Verantwortung in einem Unternehmen in einer Führungsposition der ersten und zweiten Ebene. Interim Manager werden in unterschiedlichen Situationen und Aufgabengebieten eingesetzt, z.B. zur Überbrückung bei unvorhersehbaren Vakanzen beim Ausfall einer Führungskraft, zur Restrukturierung und Sanierung, im Projektmanagement, zur Einführung neuer Programme oder bei der Gründung, Übernahme oder Veräusserung von Unternehmen.

In der Unternehmenspraxis werden Interim Manager zunehmend als Teil der gesamtwirtschaftlich immer bedeutsamer werdenden und stark wachsenden Gruppe der Freelancer und dabei als Teil des Marktes für „Freelance Management Dienstleistungen" betrachtet. In die gleiche Richtung zielt die DDIM (Dachgesellschaft Deutsches Interim Management e.V.) als führender

Wirtschafts- und Berufsverband für Interim Management in Deutschland. Interim Management wird dort als eigenes Angebotssegment im Markt der Management Dienstleistungen bezeichnet, welches sich von der Nachbarbranche der Unternehmensberatung in der Art des Service unterscheidet (DDIM, Branchenprofil, 2020):

„Während Unternehmensberatungen einen externen, unabhängigen Service bieten, bei dem die Entscheidungsbefugnis und -verantwortung beim Auftraggeber verbleiben, arbeiten Interim Manager in der Regel in unternehmerischer Verantwortung im Mandanten-Unternehmen. Für einen definierten Zeitraum werden sie zum integralen Bestandteil des internen Teams. Interim Manager arbeiten freiberuflich und auf eigenes Risiko. Sie werden in Führungspositionen der ersten und zweiten Ebene eingesetzt.“

Eine andere Begriffsdefinition rückt den „Markenkern des Interim Managers“ in den Blickpunkt. Sie wurde am 1. Juli 2022 von den Verbänden der deutsch sprechenden Länder (DDIM, DSIM, DÖIM, VRIM, AIMP) auf dem „6. Gipfeltreffen der Interim Management Branche“ in Luzern gefunden und sogar in der aktuell viel verwendeten „gender-gerechten“ Sprache und Grammatik formuliert (Schädler, 2022):

Interim Manager:innen sind führungserfahrene und umsetzungsstarke Problemlöser:innen. Sie stehen einem Unternehmen zeitnah für spezifische Aufgaben und auf begrenzte Zeit zur Verfügung. Sie schaffen unternehmerischen Mehrwert.

Fachgebiete/Besonderheiten beim Einsatz von Interim Managern

Ihren Kundennutzen bringen Interim Manager in allen Phasen des Lebenszyklus von Unternehmen ein. So gibt es Interim Manager, die vor allem bei der Unterstützung von jungen Unternehmen tätig sind, Interim Manager, die sich auf Wachstumsthemen und Transformationen spezialisiert haben, und Interim Manager, die sich geradezu auf „Krisen“ oder gar die „Beerdigung“ von Unternehmen spezialisiert haben. In allen Phasen jedoch sind viele Interim Manager in der Überbrückung von Vakanzen tätig. Gerade weil in der Praxis die beiden mittleren Phasen in der Regel die längste Zeit des Lebens eines Unternehmens ausmachen, sind diese Phasen besonders „arbeitsreich“ für Interim Manager

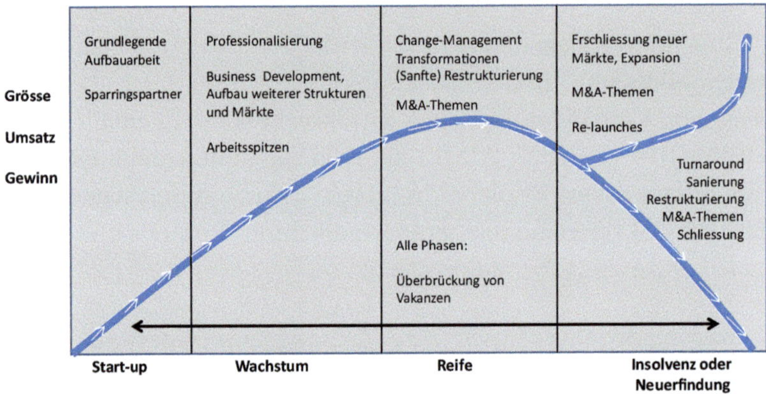

Abbildung: Einsatzfelder von Interim Managern in unterschiedlichen Phasen des Lebenszyklus von Unternehmen. Quelle: Becker / Schönfeld / Singer (2022).

Interim Manager können als Freelancer im Management bezeichnet werden. In der Praxis haben sie vor allem mit Beratern einige Überschneidungen. Der wesentliche Unterschied wird darin gesehen, dass Interim Manager ihren Fokus auf die operative Umsetzung oder Durchsetzung von meist unternehmerisch bedeutsamen Maßnahmen legen. Diese können durchaus auf Empfehlungen aufsetzen, die vorher von einem Berater gegeben wurden – oder von dem Interim Manager selbst, der vorher eine Analyse gemacht hat. Es ist auch nicht mehr nur die erste oder zweite Ebene, auf der Interim Manager tätig werden. Einsätze in Projekten, zum Beispiel zu Change- oder Transformationsthemen, für die eine hochwertige Expertise notwendig ist, umfassen inzwischen ein gutes Drittel der Gesamtumsätze im Interim Management-Bereich (AIMP, 2022). Tendenz steigend!

Buchreihe mit praxisorientierten Umsetzungsexperten

Mit der Buchreihe „Von Interim Managern lernen“ wird das Know-how von praxisorientierten Umsetzungsexperten erstmals gebündelt. Die sorgfältige Auswahl aller Autoren durch den Herausgeber stellt sicher, dass in dieser Reihe tatsächlich nur die Besten der Besten mit Themen zu Wort kommen. Alle für diese Buchreihe ausgewählten Interim Manager vereint das Streben nach operativer Exzellenz für ihre Kunden: Es geht um eine Steigerung der Performance, die Verbesserung der Wertschöpfung des Unternehmens, eine erhöhte Rentabilität und damit um eine nachhaltige Zukunftssicherung des Unternehmens! All das sind Anliegen von Unternehmen, für die Interim Manager engagiert werden.

„Es ist es so, als ob ich für mich selbst einen Personal Trainer engagiere: Die Sicherheit steigt, die gewünschten Ergebnisse zu erhalten. Ich muss dabei natürlich auch Themen anpacken, bei denen ich mir selbst im Weg stehe. Aber meist entdecke ich dabei auch noch Potentiale, an die ich bisher noch nie gedacht hatte.“

Freuen wir uns damit auf die Ausführungen von Karlheinz Zuerl. Bei der Durchsicht seines Fachbuchs und den Diskussionen dazu habe ich viel gelernt! Dafür danke ich – und wünsche es auch dem Leserkreis.

Dem Diplomatic Council (DC) bin ich seit einigen Jahren freundschaftlich und aktiv verbunden. Ich engagiere mich gerne in dieser Organisation, die einen globalen Think Tank mit Beraterstatus bei den Vereinten Nationen, ein weltweites Business Network und eine gemeinnützige Charity Foundation vereint. Auf diese Weise können gemeinsam mit allen nationalen und internationalen Mitgliedern Synergien gehoben werden, wie es sonst kaum möglich wäre!

Dr. Harald Schönfeld

Herausgeber

Literaturverzeichnis zur Einführung

AIMP (2022). AIMP-Arbeitskreis Interim Management Provider. AIMP-Providerumfrage 2022: https://www.aimp.de/aimp-umfragen/aktuelle-aimp-umfragen

Becker, J. / Schönfeld, H. / Singer, G. (2022): Karriere-Handbuch für Interim Manager. Erfolg als Freelancer im Management. Zweite aktualisierte und ergänzte Auflage

DDIM (2020). Branchenprofil. Webseite Dachgesellschaft Deutsches Interim Management, https://www.ddim.de/interim-management/fuer-unternehmen/branchenprofil/

Interim Management (2018). Gabler Wirtschaftslexikon – Online Lexikon: https://wirtschaftslexikon.gabler.de/definition/interim-management-52714/version-275829

Schädler, K. (21.07.2022). 6. Gipfeltreffen und 1. Schweizer Forum für Interim Management. https://rheintal-interim.org/6-gipfeltreffen-und-1-schweizer-forum-fuer-interim-management/

Umstrukturierung eines Werkes

General Manager (GM) mit der Aufgabe, für Gewinnwachstum durch Umstrukturierung eines chinesischen Werks zu sorgen.

Betriebsverlagerung und Umstrukturierung der Produktion in China (Elektrotechnik).

Stichworte: Asaichi-Board, Werksbesichtigungen, Schlanke Produktion, KVP.

Management Summary[1]

Das Projekt im Überblick:

- Werksverlagerung und Optimierung der Produktion in China (Elektrotechnik).
- Verlagerung: Bedingungen und Zugeständnisse mit der lokalen Regierung ausgehandelt.
- Die Auftragslage verschlechterte sich aufgrund schlechter Qualität in kurzer Zeit drastisch.
- Six-Sigma-Initiative und Downsizing steigern Produktivität und Auslastung.
- Qualitätsinitiative mit dem US-Kunden gestartet – Fehlerquote auf Null gesenkt.
- Steigerung des Betriebsergebnisses um 400 Prozent in 36 Monaten.

Ausgangssituation

Der Interim General Manager – also ich – wurde von einem europäischen Unternehmen der Elektronikindustrie mit einem Restrukturierungsmandat in Nordchina beauftragt. Die weltweit tätige Firma ist mit ihrer chinesischen Niederlassung Technologiepartner zahlreicher Unternehmen bei der Entwicklung neuer Systeme für den Antrieb von Elektro- und Hybridbussen und mittelschweren Lastwagen. Darüber hinaus beliefert die Gruppe eine Vielzahl weiterer Kunden mit elektrischen und elektronischen Komponenten.

Der Auftrag bestand ursprünglich aus zwei Teilen: Der Interim Manager sollte die Niederlassung des Unternehmens innerhalb von drei Monaten in ein Gebiet im Norden von Tianjin verlagern, um die Kosten zu senken. Darüber hinaus galt es, das Unternehmen durch Verbesserungen im Qualitätsmanagement und in der schlanken Produktion schnell in die Gewinnzone zu führen.

Herausforderungen der Umsiedlung

Mit der lokalen Regierung ausgehandelte Bedingungen und Rabatte

Zu Beginn des Mandats koordinierte der Interim Manager die Verlagerung der Niederlassung und der Produktionsanlagen mit dem Team vor Ort. Das Layout und die Prozessabläufe im neuen Werk waren die gleichen wie im alten Werk. Dies war vor dem Mandat mit der Hauptgeschäftsstelle vereinbart worden.

Nach dem Umzug stellte sich heraus, dass der Antrag auf eine Umweltgenehmigung nicht eingereicht worden war. Die Behörden hatten strenge Normen für die Emissionen am Standort festgelegt. Dieses Ziel war jedoch aus technischen Gründen nicht zu erreichen. Aufgrund seiner langjährigen Erfahrung im Umgang mit chinesischen Behörden konnte der Interim Manager für die folgenden Jahre weniger strenge Auflagen und andere Vergünstigungen mit der lokalen Regierung aushandeln.

Die Auftragslage verschlechtert sich in kurzer Zeit aufgrund der schlechten Qualität drastisch

Nach dem Umzug wurden die vier alten, baufälligen Produktionslinien im neuen Werk genauso aufgestellt wie am alten Standort. Eine für einen großen US-Kunden, eine für einen südamerikanischen Kunden und zwei für chinesische Kunden. Aber die Prozesse waren nicht optimiert, die Mitarbeiter nicht für die Arbeit qualifiziert und die Maschinen nicht gewartet.

Die Probleme verschärften sich bald nach dem Umzug. Der südamerikanische Kunde wechselte den Lieferanten. Deshalb musste der Interim Manager diese Produktionslinie schließen. Außerdem reduzierten die chinesischen Kunden die Abnahmemengen. Der amerikanische Großkunde wurde damit überlebenswichtig für das Werk.

Verbesserung der Produktion

Auch der amerikanische Kunde war mit Preisen, Qualität und Liefertreue unzufrieden und hatte sich bereits auf die Suche nach einem neuen Lieferanten gemacht. Wichtigstes Ziel des Interim Managers war es, die Produktion so schnell wie möglich zu verbessern und auf die Bedürfnisse des amerikanischen Kunden auszurichten.

Einführung von Asaichi Board und Werksbesichtigungen für handwerkliche Verbesserungen

Einer der Gründe für die Unzulänglichkeiten in der Produktion war, dass sich das Management kaum um die Produktionslinien kümmerte. Anstatt sich auf die Probleme in der Wertschöpfungskette zu konzentrieren, verzettelte sich das Management in Besprechungen und Einzelmaßnahmen. Darunter litt auch die Arbeitsmoral der Mitarbeiter und des Produktionspersonals.

Um die eklatanten Produktionsmängel zu beheben, verbesserte der Interim Manager die Qualifikation in der Produktion durch die Entwicklung eines kontinuierlichen Verbesserungsprozesses mit dem Ziel einer schlanken Produktion. Er initiierte ein Asaichi-Board und morgendliche Betriebsbesichtigungen, um Probleme vor Ort zu besichtigen, zu diskutieren, zu dokumentieren, Lösungen zu besprechen und mit Terminen umzusetzen. Der Begriff Asaichi bezeichnet eine Meetingkultur, welche die wichtigsten Prozesse einer Organisation in den Mittelpunkt stellt. Durch kurze und effektive Meetings sowie die kontinuierliche Überwachung der wesentlichen Betriebsindikatoren werden Probleme identifiziert und Verantwortliche mit der Lösung beauftragt.[2]

Six Sigma-Initiative und Personalabbau steigern Produktivität und Auslastung

Um die vielfältigen Herausforderungen bewältigen zu können, stellte der Interim Manager einen Spezialisten (Six Sigma Black Belt) ein. Die gemeinsame Initiative führte rasch zu Verbesserungen in der Produktion. Die Produktivität nahm um 38 Prozent zu und die Maschinenauslastung stieg von 84 auf 92,5 Prozent.

Personalabbau und Qualifizierungsoffensive

Im nächsten Schritt kombinierte der Interim Manager einen Personalabbau mit einer Qualifizierungsoffensive. In Abstimmung mit der Zentrale reduzierte er die Belegschaft erheblich. Für die verbleibenden Mitarbeiter entwickelte er ein Qualifizierungsprogramm, das unter anderem das Shopfloor Management in Produktion, Technik und Einkauf umfasste. Außerdem überzeugte der Interim Manager seine Kunden, in den Maschinenpark zu investieren.

Qualitätsinitiative mit dem US-Kunden initiiert – Fehlerquote auf Null reduziert

Um die Zusammenarbeit mit dem amerikanischen Kunden zu retten, initiierte der Interim Manager eine enge Kooperation mit dem US-Unternehmen. Gemeinsam mit den Qualitätsingenieuren des Kunden entwickelte er die Prozesse, mit denen Verbesserungswünsche umgesetzt und die Qualität der Produkte sichergestellt werden konnten. Unter anderem konnten in der chinesischen Fertigung mit Hilfe von Poka-Yoke-Stationen und Kamerafernüberwachung die Qualitätsmängel auf 0 reduziert und die Durchlaufzeiten um 50 Prozent gesenkt werden, was zu pünktlichen Lieferungen führte. Der japanische Ausdruck Poka Yoke bezeichnet ein aus mehreren Elementen bestehendes Prinzip, welches technische Vorkehrungen bzw. Einrichtungen zur sofortigen Fehleraufdeckung und -verhinderung umfasst.[3]

Betriebsgewinn steigt in 36 Monaten um 400 Prozent

Der amerikanische Großkunde war begeistert und erhöhte die Aufträge. Durch die Verbesserungen des Interim Managers konnte die interne Fehlerquote um 86 Prozent und die

Ausschusskosten um 97 Prozent gesenkt werden. Der Standort bestand auch alle Audits (9001/18001/14001).

Deutliche Verbesserungen auf allen Ebenen

Das Mandat des Interim Managers wurde aufgrund der zahlreichen Aufgaben und erfolgreichen Zwischenschritte mehrfach verlängert. Nach insgesamt 36 Monaten wurde die Verlagerung und Umstrukturierung der Niederlassung erfolgreich abgeschlossen. In der Folge verbesserte sich die Auftragslage deutlich. Das Umsatzvolumen stieg um 30 Prozent – und das Betriebsergebnis wuchs um mehr als 400 Prozent. Die Gesamtarbeitskosten wurden um ein Fünftel gesenkt.

In Asien mit hoher Geschwindigkeit aus der Preisspirale: Ich weiß, wie es geht!

Jedes Problem hat eine Lösung.

Wer war der Kunde, und um welche Branche handelte es sich?

Der Kunde kam aus dem Bereich der Elektroindustrie. Er stellt Elektromotoren und Steuerungen für Anwendungen wie Materialtransport, Hubarbeitsbühnen, Windmühlen, Hybrid-Elektrobusse, Hochleistungs-Elektroantriebe, Landwirtschaft und Onboard-Kühlung her. Der Kunde beschäftigt rund 1.400 Mitarbeiter an seinen fünf Standorten weltweit.

Der Kunde, ein weltweit führender Hersteller von Niederspannungs-Wechselrichtern, war der erste, der 400.000 Wechselrichter pro Jahr produzierte. Er hat weltweit einen Marktanteil von 55 Prozent. Darüber hinaus hat er bei Elektromotoren mit rund

280.000 Motoren pro Jahr einen weltweiten Marktanteil von 42 Prozent. Er stellt auch Hochfrequenz-Ladegeräte her.

Fragen und Antworten zum Projekt

Wie war die Situation zu Beginn?

Als Interim-Geschäftsführer war ich dem Vizepräsidenten und dem Vorstand der Gruppe unterstellt. Der Kunde kaufte das gesamte unrentable Geschäft von einem Unternehmen mit Sitz in China. Zu Beginn stellte ich folgende Situation fest:

1. Überkapazitätssituation (Mangel an Aufträgen),
2. niedrige Kundenzufriedenheit,
3. hoher Anteil an Rohmaterial und WIP-Investitionen,
4. schlechte MCE (Manufacturing Cycle Effectiveness),
5. Batch-Produktionsmodus (Coil-Einlegeverfahren),
6. zu viele Qualitätsprobleme,
7. unzureichende 5S[4] (Instrument, um Arbeitsplätze und ihr Umfeld sicher, sauber und übersichtlich zu gestalten: Seiri, Sortiere aus; Seiton, stelle ordentlich hin; Seiso, säubere; Seiketsu, standardisiere; Shitsuke, Selbstdisziplin und ständige Verbesserung),
8. exzessive Überstunden,
9. sehr niedrige tägliche Produktionsquote,
10. fehlende Ausrichtung auf Gemba (Wertschöpfung),

11. hohe Aufmerksamkeit des Managements (zu viele Meetings und Feuergefechte).

12. niedrige Arbeitsmoral.

Was war der Auftrag?

Umstrukturierung und Geschäftsentwicklung des Werks des Kunden. Das unrentable Unternehmen musste innerhalb kurzer Zeit umstrukturiert, von der alten in eine neue Fabrik verlagert und die Beziehungen zu den derzeitigen Kunden, der örtlichen Regierung, den Interessengruppen, den Lieferanten und den Mitarbeitern aufgebaut werden. Die meisten Mitarbeiter waren vom früheren Unternehmen verkauft worden und konnten nicht mehr eingesetzt werden bzw. mussten entweder geschult und weiterentwickelt oder entlassen werden, während die unrentablen Geschäftsbereiche untersucht und ein neuer Geschäftsplan entwickelt werden mussten.

Nicht nur die Mitarbeiter, sondern auch die alten, ungenauen Maschinen mussten repariert, gewartet oder durch neue, moderne Maschinen ersetzt werden. Die Fähigkeiten in den Bereichen Fertigung, Technik und Einkauf mussten ausgebaut werden, um die Ziele in Bezug auf Qualität, Zeit und Kosten zu erreichen.

Was müssen Sie ändern?

Zunächst einmal muss der Nettogewinn gesteigert werden, also Umsatz nach oben und Kosten nach unten. Wenn die Umsätze fix sind, kann der Nettogewinn nur durch Kosteneinsparungen gesteigert werden. Ich war der Meinung, dass ungenutzte Ressourcen eine große Verschwendung darstellen.

Aber seit langem ist die Ressourcennutzung und -effizienz das wichtigste betriebliche Maß in der Produktion.

Ich stellte mir die Frage: „Warum sollte sich der Kunde für uns entscheiden?“ Das muss so sein, wenn wir einen vom Kunden wahrgenommenen Wert haben. Im Allgemeinen umfasst der vom Kunden wahrgenommene Wert Qualität, Preis, Technologie, OTD (Order to Delivery) und schnelle Lieferfähigkeit.

Können wir also Aufträge erhalten oder sie sogar steigern? Wir müssen eine oder mehrere signifikante und nachhaltige Kundenanforderungen erfüllen, die über die der Wettbewerber hinausgehen, und das ist in einem kurzen Zeitraum nur schwer zu erreichen. Dies wird als DCE (Decisive Competitive Edge – entscheidender Wettbewerbsvorteil) bezeichnet.[5]

Ich musste also die KPIs (Key Performance Indicators) für Vertrieb und Produktion ändern und die Mitarbeiter motivieren, auf diese Ziele hin zu arbeiten.

Um einen reibungslosen Ablauf zu gewährleisten, leitete ich folgende Maßnahmen ein:

- Einforderung eines regelmäßigen Berichts über die Ergebnisse der Muda-Aufnahmen und Verbesserungen.
- Wir haben die Produktivität mit dem Durchsatz der Bediener gemessen.
- Wir installierten OPF mit einem Durchlauf, wo dies möglich war.
- Wir schulten unsere Bediener zu Multi-Skill-Bedienern.

- Wir wechselten von einem Push- zu einem Pull-System: Zunächst definierten wir einen Schrittmacherprozess, um den Engpass zu beseitigen. Mit dem Schrittmacherprozess berechneten wir monatlich die Gesamtanlageneffektivität OEE (Overall Equipment Effectiveness) ein, eine betriebswirtschaftliche Kennzahl, mit der die Produktivität und etwaige Verluste von technischen Anlagen oder Maschinen gemessen werden kann.

Überblick über die Ergebnisse und Erfolge

Für kontinuierliche Verbesserungen führten wir einen Prozess der ständigen Verbesserung (POOGI, Process of On-Going Improvement) ein, einen fünfstufigen Fokussierungsprozess.[6] Unsere Vorgaben waren geschulte Bediener, die Einrichtung von Qualitätskontrollen, vorbeugende Wartung, Überwachung der OEE und Verbesserungen im Laufe der Zeit.

Wir haben zum Beispiel die folgenden KPIs in der Fertigung gemessen:

- interne Geschäftsprozessleistung anhand der Manufacturing Cycle Efficiency MCE,[7]
- TPS-Kaizen-Projektbericht,
- First Pass Yield (FPY) Trend und Daten,
- ROI (Return on Investment) für jede Investition,
- Lagerumschlag,
- Zykluszeit für jeden Arbeitsgang.

Hinzu kamen viele andere für die Abteilungen, die für Qualität, EHS, Technik, Wartung, Lieferkette, Finanzen, Personal und IT zuständig waren.

Alle Mitarbeiter wurden in Lean-Tools und Lean-Kultur geschult. In der Personalabteilung haben wir ein Talententwicklungsprogramm eingeführt.

Von Anfang an haben wir immer versucht, eine Win-Win-Situation zwischen kurzfristigem und langfristigem Nutzen zu schaffen, eine Win-Win-Situation zwischen Kunden und uns, und eine Win-Win-Situation zwischen Arbeitgeber und Arbeitnehmern.

Was waren die Herausforderungen? Welche neuen Methoden und Prozesse haben Sie eingesetzt?

Eine unserer Herausforderungen war zum Beispiel die Vorhersage der Kunden, die nicht genau war. War die Prognose zu hoch, hatten wir einen Liquiditätsrückstand, und die große Investition in einen Langsamdreher hätte zu toten Beständen geführt.

War die Prognose zu niedrig, verloren wir Umsatz oder die Chance, den Markt zu erobern.

Unsere Lösung war DBM (Dynamic Buffer Management) und R&R (Rapid Replenishment).

DBM funktioniert ähnlich wie Prognosen, das heißt, es wird in die Vergangenheit geschaut, um daraus auf die nahe Zukunft zu schließen. DBM blickt jedoch nur in die jüngste Vergangenheit und berücksichtigt lediglich den aktuellen Stand des Lagerbestands.[8]

Wörterbücher definieren Nachschub als „Auffüllen durch Nachlieferung dessen, was verbraucht worden ist“. Rascher Nachschub als Versuch, Angebot und Nachfrage auf kleinstem Raum aufeinander abzustimmen, insbesondere wenn die Geschwindigkeit der Lieferkette zu langsam ist.[9]

So wird zum Beispiel das tägliche Transportvolumen durch häufigere Lieferungen ausgeglichener, wodurch Routinen geschaffen werden, die leichter zu planen sind. Anstelle von fünf Lastwagen, die zweimal wöchentlich unterwegs sind, um den Bestand an nicht verkaufsfördernden Waren aufzufüllen, kann man zum Beispiel jeden Tag einen Lkw an jede Kundenlage senden. Kürzere Lieferzeiten machen die Leistung der Transportgruppe stärker von vorgelagerten Ressourcen wie der Verfügbarkeit der Bestände abhängig.

Zu den Hauptproblemen im Lager, die eine flächendeckende Einführung des schnellen Warennachschubs verhindern würden, gehörten „eine begrenzte Anzahl von Gabelstaplern“, „eine begrenzte Anzahl von Gabelstaplerfahrern“, „ein Mangel an Bereitstellungsflächen für die Sammlung von Aufträgen vor dem Versand“ und „die Verfügbarkeit der Bestände“, wobei der Schwerpunkt auf den Kennzahlen für die Fallbefüllung und nicht auf den Kennzahlen für die Nutzung der Anlagen lag.

Herausforderung Entscheidungsprozess

Die nächste Herausforderung stellte der Entscheidungsprozess dar. Das Management jeder Organisation (insbesondere solcher, die durch Komplexität und Ungewissheit gekennzeichnet sind) muss jeden Tag wichtige Entscheidungen treffen (zum Beispiel, ob ein neues Projekt mit sehr anspruchsvollen Terminen und/oder Anforderungen angenommen werden soll, ob zusätzliche Mitarbeiter eingestellt oder erhebliche Investitionen getätigt werden sollen usw.), die sich in den meisten Fällen auf die Organisation als Ganzes und insbesondere auf ihre finanzielle Leistungsfähigkeit und sogar ihre Lebensfähigkeit auswirken können und werden.

Für die Entscheidungsfindung sind wir von der traditionellen Kostenrechnung, die sich auf die Kostensenkung konzentriert, zur Durchsatzrechnung übergegangen, die sich in erster Linie auf die Erzielung eines höheren Durchsatzes konzentriert. Konzeptionell zielt die Durchsatzrechnung darauf ab, die Geschwindigkeit oder Rate zu erhöhen, mit der der Durchsatz (siehe Definition unten) durch Produkte und Dienstleistungen in Bezug auf die Beschränkung einer Organisation erzeugt wird, unabhängig davon, ob die Beschränkung intern oder extern vorliegt. Die Durchsatzrechnung ist die einzige Methodik der Unternehmensrechnung, die Sachzwänge als Faktoren betrachtet, die die Leistung von Organisationen einschränken.

Die Entscheidungen basierten auf Leistungsmessungen, die den Durchsatz (T ist gleich Umsatz minus gesamte variable Kosten), die Betriebskosten (OE) und die Investitionen (I) berücksichtigten, was zu besseren Entscheidungen auf allen Ebenen des Unternehmens führte.[10]

Eine dritte Herausforderung ist die Nutzung der Fähigkeit zur schnellen Lieferung, um den Markt zu erweitern. Das bedeutet, dass Werte geschaffen werden müssen, indem eine wesentliche Einschränkung für den Kunden beseitigt wird, und zwar in einer Weise, die vorher nicht möglich war, und in einem Umfang, den kein bedeutender Wettbewerber bieten kann.

Hierzu haben wir innerhalb weniger Wochen unsere Beschränkung von einem Einschichtmodell auf 24/7-Betrieb mit einem

Dreischichtmodell erweitert und konnten unsere Lieferfähigkeit um mehr als 300 Prozent steigern, was es unseren Kunden ermöglichte, mehr Aufträge zu erteilen und sie rechtzeitig und ohne Mängel zu erhalten. Wir erzielten dadurch eine hohe Kundenzufriedenheit und noch mehr Aufträge.

Welche anderen Punkte außer den von Ihnen genannten haben Sie damals auf Ihre Roadmap gesetzt?

1. Verkürzung der Vorlaufzeit,
2. Definition des Schrittmacherprozesses und Umstellung auf das Pull-System,
3. kontinuierliche Verbesserung des Pufferstatus mit Puffermanagement,
4. POOGI (mit Fokus auf fünf Schritte),
5. Wertstromanalyse und -abbildung,
6. Definition von Standardarbeit mit Arbeitsbeschreibung für jeden Fertigungsschritt,
7. Änderung der Einstellung zu Lean Mindset, täglicher Besuch von Gemba,
8. Fokussierung auf 5S in der Fertigung und im Büro.

Welche Leistungsverbesserungen haben Sie letztendlich erreicht?

Der Auftrag wurde mehrmals verlängert, da er einen ausgezeichneten Wert erzielte.

Ich habe nicht nur neue globale Lieferverträge ausgehandelt, sondern auch einen künftigen Arbeitsplan für das Beschaffungsteam des Kunden erstellt, um sicherzustellen, dass weitere Fortschritte erzielt werden können und die ausgehandelten Vereinbarungen nachhaltig sind. Die Kosten für meine Anstellung haben sich vollständig selbst getragen.

Der Personalabbau in der Fertigungs- und Finanzabteilung und der Aufbau der Abteilungen Lieferkette, Qualität und Wartung wurden rechtzeitig abgeschlossen, und ich fand weitere Synergien und Kosteneinsparungen.

Im Allgemeinen waren meine Tätigkeiten die folgenden:

- Aufbau einer effizienten Organisationsstruktur und einer leistungsstarken Organisation,
- Geschäftsausweitung in den Bereichen Vertrieb, Marketing und Kundendienst,
- Kostensenkungsaktivitäten durch Verbesserungen der Lieferkette,
- Installation von Lean Office und Lean Production, Toyota Production System TPS, Kanban, VSA/VSM (Value Stream Analysis, Value Stream Mapping, eine betriebswirtschaftliche Methode zur Verbesserung der Prozessführung) [11] und Andon (selbsterklärende Symbolik zur Vermittlung von Funktionen und Abläufen an einer Maschine oder einem Prozess)[12].
- Installation eines Manufacturing Execution Systems MES.

Ich habe an internationalen Konferenzen in den USA, Schweden, Deutschland und Italien teilgenommen, um mein Wissen und meine Erfolge weiterzugeben, und um neue Anweisungen für die Gruppe zu erhalten.

Die folgenden Abteilungen waren mir direkt unterstellt: Technik, Fertigung, Instandhaltung, TPS (Konzept zur Vermeidung von Verschwendung), Lieferkette, Informationstechnologie (IT), Finanzen, Personal, Qualität und SQE (Software Quality Environment).

Aufgrund meiner langjährigen Arbeitserfahrung in China in den Bereichen Einkauf, Werkzeugbau, Projektmanagement, Lean und Qualitätsmanagement, konnte der Kunde bestätigen, dass ich zusammen mit meinem Team folgende hervorragende Ergebnisse erzielt hatte (Auszug):

Qualitätsmanagement

- Die Häufigkeit von Kundenausfällen bei externen Generatoren (sechs Monate rollierend) wurde von 4.261 auf 0 reduziert.
- Die Häufigkeit von Kundenausfällen bei externen Steuerungen wurde von 1.657 auf 0 reduziert.
- Interne Fehlerhäufigkeit von 117.845 auf 16.413 reduziert (Rückgang um 86 Prozent)
- Kundenrücksendungen im Feld von 56 Generatoren auf 0 reduziert.
- Reduzierung der Ausschussrate von 704.000 RMB/Monat auf 13.000 RMB/Monat (Rückgang um 97Prozent)

- Das Unternehmen hat alle 9001/18001/14001-Audits im ersten Schritt bestanden.

Fertigung und Wartung

- Steigerung der Produktivität der Produktionslinie von 9,36 auf 12,86 Stück/Bediener/Tag (plus 38 Prozent)

- Die Durchlaufzeit an der Generatorlinie stieg von 12,2 auf 6,1 Tage pro Teil.

- Die Anzahl der Problemlösungsworkshops stieg von 0 auf 6 pro Jahr.

- Steigerung der Auslastung der Maschinen von 84 Prozent auf 92,5 Prozent.

Vertrieb und Finanzen

- Das Verkaufsvolumen stieg von 97 Millionen RMB auf 130,5 Millionen RMB (plus 30Prozent).

- Steigerung des Betriebsgewinns von 56.000 auf 2,6 Millionen RMB/Monat.

- Senkung der Gesamtarbeitskosten von 210 auf 168 TUSD pro Monat.

Personalwesen

- Verringerung des Personalbestands von 143 auf 117 (Rückgang um 18 Prozent).

- Rückgang der Fehlzeiten von 8,02 auf 0,48 Prozent (minus 93 Prozent).

- Verringerung der Personalfluktuation von 6 auf 3,6 Prozent (Rückgang um 40 Prozent).

- Die Zahl der Verbesserungen, die durch die Einführung des Vorschlagswesens erzielt wurden, stieg von 0 auf 283.

Qualitätsmanagement im Fokus

Wie haben Sie im Qualitätsmanagement erreicht, dass die Ausfallrate bei externen Erzeugern (sechs Monate rollierend) von 4261 auf 0 gesunken ist?

Wir haben zum Beispiel eine Vielzahl von Schritten festgelegt:

- 5S-Kennzeichnung mit roter Karte. Jeden Morgen beim Betriebsrundgang wurde ein markierter Bereich mit rot gekennzeichneten Produkten von der Geschäftsleitung überprüft und entschieden, was zu tun ist.[13]

- Regelmäßiger täglicher Kaizen-Bericht. Wir nutzten ein Asaichi-Meeting am Morgen nach der Betriebsbesichtigung. Die Berichte wurden von den Abteilungen ausgefüllt und dem Managementteam vorgelegt. Darin wurden Problem, Ursache, Lösung, Verantwortung und Fälligkeitsdatum genannt. Der Kaizen-Ansatz besteht aus fünf grundlegenden Elementen: Teamarbeit, persönliche Disziplin, verbesserte Arbeitsmoral, Qualitätszirkel und Verbesserungsvorschläge. Toyota nutzt den Kaizen-Ansatz zur Verbesserung von Prozessen, Werkzeugen und Fähigkeiten, um Produktivität, Sicherheit (Verringerung von Risiken), Qualität, Fristen, Kosten und Arbeitsbedingungen zu optimieren, die kollektive Intelligenz zu nutzen und Fähigkeiten zu dekompartimentieren sowie Verschwendung zu reduzieren (um die Bestandsverwaltung zu verbessern).[14]

- Der strukturierte A3-Bericht, eine formularartige Dokumentenvorlage zur Identifizierung und Lösungsfindung von Problemstellungen im Qualitätsmanagement, ist ein Instrument für die Ursachenanalyse.[15] Alle Berichte werden bei Asaichi auf Besprechungstafeln zur Überprüfung abgelegt. Ein A3-Bericht – und vor allem die zugrundeliegende Denkweise – spielt nicht nur eine rein praktische Rolle, sondern verkörpert auch eine entscheidende Kernstärke eines schlanken Unternehmens. A3-Berichte dienen den Managern als Mechanismen, um andere in der Ursachenanalyse und im wissenschaftlichen Denken anzuleiten, während sie gleichzeitig die Interessen von Einzelpersonen und Abteilungen im gesamten Unternehmen aufeinander abstimmen, indem sie einen produktiven Dialog fördern und den Mitarbeitern helfen, voneinander zu lernen.

- Das DINA3-Format ist in sieben Schritte unterteilt. (1) Ermittlung des geschäftlichen Kontextes und der Bedeutung eines bestimmten Problems oder einer bestimmten Frage; (2) Beschreibung der aktuellen Bedingungen des Problems; (3) Ermittlung des gewünschten Ergebnisses; (4) Analyse der Situation, um die Kausalität festzustellen; (5) Vorschlag von Gegenmaßnahmen; (6) Vorgabe eines Aktionsplans zur Umsetzung; und (7) Darstellung des Folgeprozesses.[16]

- Wir bewerteten Top-Kaizen-Mitarbeiter und zeichneten sie aus. Sie konnten ihre Vorzeigeprojekte vor und nach der Umsetzung bei Townhall-Meetings präsentieren.

- Eines unserer größten internen Probleme war die Beschädigung von Anschlussdrähten. Also erstellten wir eine Liste von Schwachstellen mit Hintergrund, Hauptursache für den Prozessfehler, potenziellen Qualitätsrisiken und Kaizen-Injektionen, Maßnahmen und Folgemaßnahmen mit dem jeweiligen Eigentümer und Fälligkeitstermin.[17].

- Statistische Prozesskontrolle mit SPC-Karten (Statistic Process Control): Wir verwendeten SPC-Karten, um festzustellen, ob eine Verbesserung einen Prozess tatsächlich verbesserte, und um statistisch vorherzusagen, ob ein Prozess in der Lage wäre, ein Ziel zu erreichen. Mit Regelkarten sehen wir die Ergebnisse eines stabilen, kontrollierten Prozesses, da die Schwankungen vorhersehbar sind.[18]

- Validierung von zwei Messsystemen zur Problemlösung: Es hängt von den Anforderungen des Kunden ab, was er gemäß seinem Genehmigungssystem erhalten möchte.

    - Gage RR (Six Sigma-Konzept): Bei einem Gage R&R messen zwei Bediener 10 Teile zweimal. Auf diese Weise erhalten wir einen Prozentsatz, der angibt, wie viel Ihr Messverfahren (Wiederholbarkeit + Reproduzierbarkeit) zu Ihrer Gesamtabweichung beiträgt (10 Prozent ist gut).[19]

    - Isoplot (Shainin-Konzept): Ein Isoplot wird verwendet, um die relative Größe der Variationsfamilien von Prozess und Messsystem zu vergleichen. In seiner einfachsten Form werden 30 Einheiten ausgewählt, und jede Einheit wird zweimal gemessen. Diese Methode wird verwendet, um zu analysieren, ob die resultierende Variation im Prozess entweder auf den Prozess oder das Messsystem zurückzuführen ist.

Das Standardverfahren ist jedoch etwas komplizierter: Ein Bediener misst zunächst zehn Teile der Reihe nach und misst anschließend dieselben Teile zufällig und blind erneut. Daraufhin werden diese 20 Datenpunkte in ein Diagramm eingetragen. Die erste Messung jedes Teils wird auf der X-Achse, der zweite Versuch auf der Y-Achse aufgetragen. So erhält man ein Streudiagramm mit einer Best-Fit-Linie, die durch die Mitte verläuft. Das Messsystem funktioniert umso besser, je höher der R-hoch-2-Wert ist. Shainin berücksichtigt jedoch nicht den R-hoch-2-Wert. Es wird eine Hotdog-Form konstruiert, wobei die Daten im Allgemeinen um diese Best-Fit-Linie herum liegen. Der Durchmesser des Hotdogs wird durch den Punkt bestimmt, der am weitesten von der Best-Fit-Linie entfernt ist, und wird symmetrisch um die Linie gezogen. Wenn man also ein ungültiges Messsystem hat, wird man am Ende eher eine Wurst als einen Hotdog erhalten... vielleicht sogar einen Hamburger. Die Kriterien für das Bestehen: Der Abstand des Hotdogs geteilt durch den Durchmesser des Hotdogs muss größer als 6 sein (als Schätzung).

Was sind also die Unterschiede? Beim Isoplot wird die Reproduzierbarkeit nicht berücksichtigt (was möglicherweise kein großes Problem darstellt, je nachdem, wofür das Messsystem verwendet wird). Nach meinen Erfahrungen besteht die größte Diskrepanz zwischen den beiden Systemen darin, dass das Messsystem beim Isoplot nur so gut funktioniert wie die größte Differenz zwischen zwei der gemessenen Teile (das heißt, wenn der Bediener neun der Teile misst und genau den gleichen Messwert erhält, dann aber beim zehnten Teil völlig daneben liegt, ist der Isoplot nicht bestanden), wohingegen ein Gage R&R-System nachsichtiger ist und alle Probeläufe berücksichtigt.[20]

- Die FIFO-Methode (First in, first out) führt zu weniger Abfall (ein Unternehmen, das die FIFO-Methode wirklich befolgt, bewegt immer zuerst den ältesten Bestand), was eine höhere Rentabilität bedeutet.[21]

Wie haben Sie die Fehlerhäufigkeit bei einem externen Controller-Kunden von 1.657 auf 0 reduziert?

Lösungen:

- Lieferantenentwicklung: Wir gingen zu unserem PCBA-Lieferanten und besprachen mit ihm die Ausfallraten. Gemeinsam untersuchten wir die Grundursache, fanden Lösungen und beseitigten Lichtbogenausfälle im Feld. Wir gingen zu unserem Kunststoffgehäuselieferanten, besprachen Spannungen und Brüche im warmen und heißen Kunststoffmaterial, änderten die Granulatzusammensetzung und das Design, um Probleme im Feld zu beseitigen.[22]

- Ersetzen von Lieferanten: Schließlich wechselten wir den Lieferanten, der Widerstand leistete, da die Fehlerquote nicht verringert oder beseitigt werden konnte. Heutzutage müssen sich die Lieferanten auf die Bedürfnisse der Kunden konzentrieren, um im Geschäft zu bleiben, wenn sie keine Monopolisten sind. Es gibt fünf Gründe, den Lieferanten zu wechseln: 1. besserer Preis, 2. Höhere Zuverlässigkeit bei Qualität und Lieferungen, 3. geografische Nähe, 4. Know-How und 5. bessere Zusammenarbeit.[23]

- Kontrolle und Aufzeichnung von ESD (Electrostatic Discharge, elektrische Entladungen) beim Boden, bei der Kleidung und bei Schuhen: Es ist sehr wichtig, dass das Personal diszipliniert ESD-Teststationen passiert, um jegliche statische Entladung innerhalb der EPA (Electrostatic Protected Area, elektrostatisch geschützter Bereich, also ESD-Schutzzone) zu beseitigen. Man kann die Fehler-quoten in die KPI der Mitarbeiter aufnehmen oder Überwachungskameras installieren. Am wichtigsten ist es, zunächst eine Richtlinie zu erstellen, die die folgenden Punkte enthält:

- Unverpackte ESD-empfindliche Gegenstände (ESDS) sind nur im ESD-geschützten Bereich (EPA) zu handhaben, wenn sie geerdet sind.
- Nur geschulte oder begleitete Personen in die EPA einlassen.
- Alle Leiter erden, einschließlich der Personen in der EPA.
- Mindestens täglich kontinuierliche Überwachungsgeräte oder Testarmbänder verwenden.
- Wenn ESD-Schuhe verwendet werden, mindestens täglich testen.
- Visuell bestätigen, dass die Erdungskabel angeschlossen sind.
- Handgelenkband eng anliegend, Erdungslasche im Schuh und ESD-Kittel, der alle Kleidungsstücke am Oberkörper bedeckt, aufbewahren

Wie haben Sie die Kundenfeldrückgaben von 56 Generatoren auf 0 reduziert?

Lösungen:

- Zunächst war sicherzustellen, dass der neue CAD-Entwurf und jede Änderung unter dem Gesichtspunkt der Herstellbarkeit, der Montage und des kostenorientierten Entwurfs erfolgte. Hierzu galt es, die Toleranzen zu überprüfen, damit sie weder zu eng noch zu locker sind. Beide Extremfälle können zu Störungen in der Anwendung des Kunden führen.

- Poka-yoke/Fehlersicherheit: Poka-yoke bedeutet, dass ein Prozess durch exzellentes Design fehlersicher gemacht wird. In diesem Fall ist die Fehlersicherung eine Qualitätssicherungstechnik, die gewährleistet, dass die Qualität eingebaut wird und zu besseren Produkten führt. Nachdem wir mehrere Fälle von falschen oder fehlenden Schrauben und umgedrehten Unterlegscheiben an der Montagestation hatten, verwendeten wir Poka-yoke, um die richtigen Schrauben und die richtige Montage der Unterlegscheiben zu gewährleisten.[24]

- Fünf-Stück-Zählung an der Montagestation: Um zu verhindern, dass ein Mitarbeiter ein Teil an der Montagestation vergisst, gibt es einen Trick. Der Lagerverwalter ist involviert und kontrolliert bei seinem Rundgang durch die Werkstatt die Anzahl der Teile in den entsprechenden Kisten. Aus diesen Kisten entnimmt er jeweils nur fünf Teile und legt sie vor sich ab. Nach der Montage von fünf Teilen fährt er oder sie mit fünf weiteren Teilen fort.

Wie haben Sie im Qualitätsmanagement die interne Fehlerhäufigkeit von 117.845 auf 16.413 (Rückgang um 86 Prozent) reduziert?

Auch hierbei haben wir mehrere Ideen in unserem täglichen kontinuierlichen Verbesserungsprozess umgesetzt:

- Regelmäßige interne Schulung von Bedienern und Ingenieuren durch unseren TPS-Manager, der von mir eingestellt wurde.

- Ständige Überprüfung und Verbesserung der Vorrichtungen durch die von mir eingerichtete Abteilung für Total Productive Maintenance. Im Allgemeinen arbeiteten und reparierten sie an den Wochenenden und in den Leerlaufzeiten der Produktion. Sie verfügten über eine neue Werkstatt mit Dreh-, Bohr- und Fräsmaschinen, um externe Arbeiten zu vermeiden, die in der Vergangenheit zu Projektverzögerungen und Kostensteigerungen geführt hatten.

- Beim Fräsen von Stapeln auf einer großen CNC-Maschine überprüften der Einrichter und der Bediener regelmäßig die Programmierung, um sicherzustellen, dass die Abmessungen mit den Zeichnungen übereinstimmten.

- Für die automatische Maßkontrolle von Teilen an KMG-Maschinen (Koordinatorenmessgeräte), die von Zulieferern kommen, sowie von Motoren, die im Haus montiert werden, verwendeten die Bediener im Prüfraum Programme, um sicherzustellen, dass die Maße mit denen der Zeichnungen übereinstimmen.

- Wiederkehrende Überprüfung und Aktualisierung der Arbeitsanweisungen für den Betrieb und die Reparatur, die in regelmäßigen internen Schulungen vermittelt und in dreimonatigen Abständen überprüft wurden. Bediener, die die jeweilige Prüfung nicht bestanden haben, durften an diesem Arbeitsplatz nicht arbeiten.

- Regelmäßige ungeplante tägliche Kontrollen des Geschehens in der Werkstatt schufen ein hohes Bewusstsein bei den Mitarbeitern und Führungskräften für Sauberkeit, 5S, Qualität und Konzentration auf die Arbeit.

- Vor allem die Mitarbeiter in der Werkstatt hatten kein Gespür für Produktivität und spielten während der Arbeitszeit mit ihrem Handy. Wir legten einige Vorschriften für Mobiltelefone fest und installierten Überwachungskameras zur Kontrolle der Vorschriften.

- Um die Fehlerquote bei manuellen Tätigkeiten zu verringern, wurde an einigen Arbeitsplätzen Jidoka installiert. Der Begriff Jidoka steht für autonome oder intelligente Automation, auch Autonomation genannt. Gemeint ist eine autonome Qualitätssicherung durch proaktive Fehlervermeidung, -erkennung und -behebung.

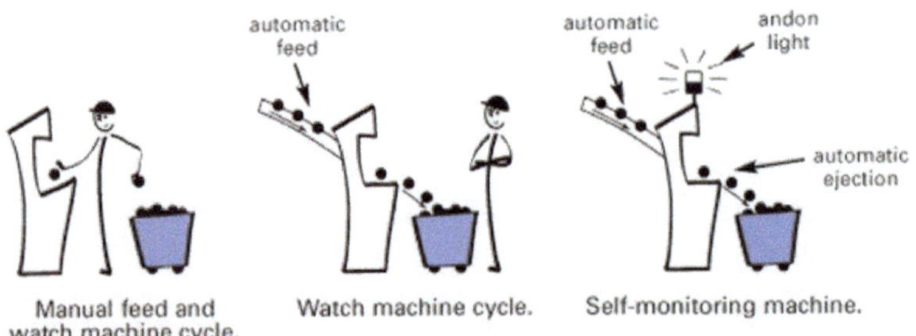

Quelle: https://www.lean.org/lexicon/jidoka

- Ursachenanalyse: Die Root Cause Analysis eignet sich hervorragend für die Entscheidungsfindung. Sie spart Zeit und Kosten bei der Lösung von Problemen. Das Qualitätsmanagementteam hat die Führung übernommen und

Workshops mit anderen Abteilungen organisiert, um Probleme rechtzeitig zu lösen. Die fünf besten Werkzeuge für die Root Cause Analysis: Die fünf Ursachen, das Challenger-Interview, Rollenspiele, Flussdiagramme und das Fishbone-Diagramm. Fishbone-Faktoren, die zu Fehlern beitragen, sind Messungen, Material, Personal, Umgebung, Methoden und Maschinen.[25]

- DOE (Design of Experiments): Richtig konzipierte Experimente fördern das Wissen in den Natur- und Sozialwissenschaften sowie im Ingenieurwesen. Weitere Anwendungsbereiche sind Marketing und politische Entscheidungsfindung. In seiner einfachsten Form zielt ein Experiment darauf ab, das Ergebnis vorherzusagen, indem eine Änderung der Voraussetzungen eingeführt wird, die durch eine oder mehrere unabhängige Variablen dargestellt wird, die auch als „Inputvariablen" oder „Prädiktorvariablen" bezeichnet werden. Von der Änderung einer oder mehrerer unabhängiger Variablen wird im Allgemeinen angenommen, dass sie zu einer Änderung einer oder mehrerer abhängiger Variablen führt, die auch als „Output-Variablen" oder „Reaktionsvariablen" bezeichnet werden. Der Versuchsplan kann auch Kontrollvariablen festlegen, die konstant gehalten werden müssen, um zu verhindern, dass externe Faktoren die Ergebnisse beeinflussen.[26]

Wie haben Sie die Ausschusshäufigkeit von 704.000 RMB/Monat auf 13.000 RMB/Monat (Rückgang um 97 Prozent) reduziert?

Um der Reduzierung des Ausschusses mehr Aufmerksamkeit zu schenken, haben wir folgende Lösungen gefunden:

- Vom Batch-Betrieb zum One-Piece-Flow-Betrieb: In der Serienfertigung stellten qualifizierte Mitarbeiter das Produkt in jedem Produktionsschritt sorgfältig her. Die Mitarbeiter waren im Umgang mit ihren Arbeitsplätzen geübt, und die Beherrschung ihrer Fähigkeiten führt zu Qualitätsprodukten. Jedes Teil der Charge musste ordnungsgemäß fertiggestellt werden, und es bestand ein Bedarf an Inspektion und Qualitätsmanagement, bevor die nächste Fertigungsstufe beginnen konnte. **One-Piece-Flow** bedeutet jedoch, dass die Teile von Schritt zu Schritt durch die Arbeitsabläufe bewegt werden, ohne dass dazwischen eine Bearbeitung stattfindet; entweder ein Stück auf einmal oder eine kleine Charge auf einmal. Wenn die Arbeit an einem Produkt einmal begonnen hat, hört sie nicht mehr auf, bis es ein fertiges Produkt ist. Da der Arbeitsaufwand gering ist, sinken die Produktionskosten. Die einteilige Fließfertigung ist extrem schnell und effizient. Jedes Teil des Herstellungsprozesses wird ohne Wartezeit weitergeführt. Eine schnelle Produktion bedeutet, dass die Kunden die fertigen Waren rechtzeitig erhalten und sie an ihrem Arbeitstag mehr Aufträge erfüllen können. Wer Fehler macht, ist sehr transparent, und jeder vermeidet sie gerne.[27]

- Alle Teams der Produktionszellen waren für die Qualitätskontrolle verantwortlich: Das Team wählte eine Person, die dafür verantwortlich zeichnete. Bei jeder Ausgangskontrolle und jeder Eingangskontrolle war eine Dokumentation und Unterschrift erforderlich. Zur Kontrolle des Prozesses wurden Überwachungskameras und ein Bonussystem installiert.

- Wartung: Ein neu eingestelltes Wartungsteam mit einer neu eingerichteten Werkstatt war für interne Reparaturen zuständig, um externen Reparaturausschuss, hohe Reparaturkosten und Zeitverzögerungen zu vermeiden. Beispiele: Vorrichtungen, Schweißmaschinen, Reinigungsmaschinen und Leimspritzmaschinen.

- Total Productive Maintenance (TPM): Vorbeugende Wartung, die an die Bediener und das Team der Produktionszelle delegiert wurde, um Vorrichtungen, Schweißmaschinen, Reinigungsmaschinen und Leimspritzmaschinen zu warten und zu verbessern.

- Engineering bekam neue, bonusrelevante Aufgaben:

  - ständige Aktualisierung der Arbeitsanweisungen: Die Bediener müssen die WI (Working Instructions) befolgen, regelmäßige präventive WI-Kontrollen durchführen und sich auf Schulungen und Tests von WIs vorbereiten;

  - Verringerung von Überspannungsausfällen durch Ursachenanalyse;

  - Verringerung von Leitungsdrahtschäden durch Ursachenanalyse;

  - Untersuchung des Ausfalls der Widerstandsbalance an einer Prüfstation durch Ursachenanalyse;

  - Untersuchung von Schäden an den schwarzen Abdeckungen durch Ursachenanalyse;

  - Untersuchung von Lichtbogenschweißfehlern durch Ursachenanalyse;

- Verringerung des Rohstoffabfalls von Schlitzpapier; und

- Verringerung der Verschrottung von Kupferdraht und anderen Rohstoffen.

Wie ist es Ihnen gelungen, alle 9001/18001/14001-Audits beim ersten Versuch zu bestehen?

Die folgenden Schritte wurden unternommen:

- Wir wählten eine qualifizierte, motivierte Koordinatorin aus. Sie verfügte über Projektmanagementfähigkeiten und verfolgte jede Maßnahme mit Zeitmanagement.

- Ich als General Manager wurde in jedes Qualitätsmanagement-Thema und in die Entscheidungssitzungen einbezogen.

Wie haben Sie in der Fertigungsabteilung die Produktivität der Linie von 9,36 auf 12,86 Stück/Bediener/Tag (plus 38 Prozent) gesteigert?

Wir haben folgende Lösungen gefunden:

- Wasserspinne: Der Begriff „Wasserspinne“ (oder „mizusumashi“) wird in der schlanken Produktion verwendet. Er bezieht sich auf eine Person in einem Lager oder einer Produktionsumgebung, deren Aufgabe darin besteht, die Arbeitsplätze vollständig mit Material zu versorgen und dadurch einen kontinuierlichen Produktivitätsfluss zu gewährleisten.[28]

- Gemba gehen und Muda (Verschwendung) sehen: Während der Betriebsbesichtigung machte der Qualitätsingenieur Fotos von Problemen, beschrieb und definierte Eigentümer und Maßnahmen, bis die Ergebnisse bestätigt wurden. Es gab sieben Arten von Verschwendung, die es zu beseitigen galt: Überproduktion, Warten, Transport, Überbearbeitung, Lagerbestand, Bewegung und Mängel.[29]

- Überproduktion begrenzen: Vermeidung von Überproduktion, indem die Dinge nur so schnell hergestellt werden, wie es der Kunde wünscht. Mit der Just-in-Time-Bestandsaufnahme lässt sich der Mindestbestand halten, der erforderlich ist, um ein Unternehmen am Laufen zu halten. Man kann bestellen, was für den unmittelbaren Bedarf benötigt würde, und die Überproduktion begrenzen, indem man nur das produziert, was benötigt wird, *wenn* es benötigt wird.[30]

- Kanban-Pull-System einführen: Ein Pull-System reduziert die Verschwendung im Produktionsprozess. Diese Art von System bietet viele Vorteile, wie zum Beispiel die Optimierung von Ressourcen, die Erhöhung der Fließeffizienz und vieles mehr.

- Wir haben Kanban-Karten und Supermarkt-Stationen verwendet.[31]

- Wöchentliche WIP-Bestandstrendanalyse: Ein hoher WIP-Bestand (Work in Progress, Umlaufbestand) verlangsamt den Cashflow. Ist kein Geld da, kann man nicht investieren. Ein hoher WIP bedeutet in der Regel auch längere Vorlaufzeiten und mehr Möglichkeiten für Fehler im Produktionsprozess. Bei der schlanken Produktion geht es darum, Verschwendung zu vermeiden und nur das zu produzieren, was gebraucht wird, und erst dann, wenn es gebraucht wird.[32]

- Verteilung der Barmittel: Wir hatten viel Bargeld, aber wir mussten es verteilen und ungenutzte Barmittel abbauen. Wir haben in halbautomatische Maschinen, F&E (Fertigung und Entwicklung) und eine neue Produktionslinie investiert, um neue Produkte für den zukünftigen Markt herzustellen. Unser Buchungseintrag für Ausschüttungen war also eine Belastung des Kontos Ausschüttungen und eine Gutschrift von Barmitteln.[33]

- Kaizen-Projekte: Wir haben Kaizen-Projekte (kritische, unkritische und Routinearbeiten) als eine Methode zur Verbesserung des Managements in kleinen Produktionsunternehmen eingeführt. Kurz gesagt, Kaizen ist ein nie endender Prozess der Verbesserung und Veränderung zum Besseren.[34]

- Regelmäßige Aktualisierung der Standardarbeit, um folgende Vorteile zu erzielen: geringere Variabilität, Erhöhung der Effizienz, so dass mehr Zeit für kreative Arbeit bleibt, erhöhte Sicherheit und kontinuierliche Verbesserung. Zunächst sammelten wir Daten über die aktuellen Arbeitsabläufe, stellten dann Abweichungen und Probleme fest, fanden die effizienteste Art und Weise, die Arbeitsabläufe durchzuführen, dokumentierten alles und passten unsere Schulungsprogramme an. Schließlich haben wir eine ständige Verbesserung im Hinblick auf den Standard eingeführt.[35]

- Einminütiger Austausch der Matrize (SMED, Single Minute Exchange of Die, Werkzeugwechsel im einstelligen Minutenbereich): Alle am Umstellungsprozess beteiligten Mitarbeiter waren geschult worden und hatten sich für die Änderung eingesetzt. Der Prozess war ein Engpass im Gesamtbetrieb, was bedeutete, dass sich Änderungen sofort auswirken würden. Unser Engpass war der langsame Lackierprozess, der verbessert werden musste. Wir nahmen Videos auf, um Details zu untersuchen und Verbesserungen zu finden. Elemente, die intern waren, konnten extern erledigt werden. Im letzten Schritt wurden die internen Elemente vereinfacht, um weniger Zeit zu benötigen.

- Einstückiger Fluss (OPF, One-Piece-Flow): Alles wird ständig bearbeitet, und in jeder Warteschlange befindet sich immer nur ein Element. Unsere Arbeit wurde schneller abgeschlossen, und das sparte Geld, sowohl durch die Zeit als auch durch den frei werdenden Platz. Die Verwendung von One-Piece-Flow kann dazu führen, dass Endergebnisse von höherer Qualität sind, als wenn man sie in Massen angeht.[36]

- TOC (Theory of Constraints): Die TOC ist ein Management-Paradigma, das davon ausgeht, dass jedes überschaubare System in der Erreichung seiner Ziele durch eine sehr kleine Anzahl von Einschränkungen begrenzt wird. Es gibt immer mindestens eine Einschränkung, und die TOC verwendet einen Fokussierungsprozess, um die Einschränkung zu identifizieren und den Rest der Organisation um diese Einschränkung herum umzustrukturieren. TOC macht sich die gängige Redewendung „eine Kette ist nur so stark wie ihr schwächstes Glied“ zu eigen. Das bedeutet, dass Prozesse und Organisationen anfällig sind, weil die schwächste Person oder das schwächste Glied sie immer beschädigen oder zerstören oder zumindest das Ergebnis negativ beeinflussen kann. Die fünf Schritte zur Fokussierung werden unternommen, um sicherzustellen, dass sich die laufenden Verbesserungsbemühungen auf die Beschränkung(en) der Organisation konzentrieren. In der TOC-Literatur wird dies als der Prozess der ständigen

Verbesserung (POOGI, Process Of Ongoing Improvement) bezeichnet.

Betrieb

Im Zusammenhang mit Produktionsabläufen und Betriebsmanagement zielt die Lösung darauf ab, Materialien durch das System zu ziehen, zum Beispiel Kanban, und nicht, sie in das System zu schieben.

Lieferkette und Logistik

Im Allgemeinen bestand die Lösung für die Versorgungsketten darin, einen Bestandsfluss zu schaffen, um eine größere Verfügbarkeit zu gewährleisten und Überschüsse bei der Ein- und Auslagerung zu beseitigen, aber man brauchte einige Puffer.

Projektleitung

In diesem Bereich wurde das Critical Chain Project Management (CCPM) eingesetzt. Es basiert auf der Idee, dass jedes Projekt wie eine A-Anlage aussieht, in der alle Aktivitäten zu einem endgültigen Ergebnis zusammenlaufen. Um das Projekt als solches zu schützen, muss es interne Puffer zum Schutz der Synchronisationspunkte und einen endgültigen Projektpuffer zum Schutz des Gesamtprojekts geben.[37] [38] Dazu gehörten:

- Vielseitig ausgebildete Mitarbeiter: Wir haben den Arbeitnehmern diese Möglichkeit eröffnet und ihnen nach der Ausbildung und Prüfung zusätzliche Prämien und Gehälter in Aussicht gestellt.
- Teambildende Veranstaltungen wie externe Schulungen, Bergwanderungen, Tauziehwettbewerbe, Tischtennis-,

Badminton- und Fußballturniere trugen dazu bei, dass die Menschen zusammenhielten, sich gegenseitig halfen und füreinander sorgten. Dies motivierte und steigerte die Arbeitseffizienz drastisch.

- Prozessstabilität: Die Prozessstabilität kann leicht mit Hilfe von Regelkarten ermittelt werden. Prozesse, die "außer Kontrolle" sind, müssen erst stabilisiert werden, bevor sie verbessert werden können. Besondere Ursachen erfordern eine sofortige Ursache-Wirkungs-Analyse, um die besondere Ursache der Abweichung zu beseitigen.

- Prozessfähigkeit: Das Histogramm ist das richtige Werkzeug, um die Prozessfähigkeit zu analysieren. Das QI Macros Histogramm berechnet die Prozessfähigkeitsmaße (Cp, Cpk, Pp und Ppk) auf der Grundlage ihrer Daten und der Spezifikationsgrenzen.[39]

- Visuelles Management: Dies ist eine Möglichkeit, Erwartungen, Leistungen, Standards oder Warnungen auf eine Art und Weise visuell zu kommunizieren, die keine oder nur eine geringe Vorbildung zur Interpretation erfordert. Wir haben Anzeigetafeln, Qualifikations- und Bonustafeln verwendet. Auch 5S-Tafeln können zur Visualisierung verwendet werden, wenn Werkzeuge und Messgeräte fehlen.[40]

- Wir erstellten TPS- und FP-To-do-Listen für die Weiterverfolgung und schulten unsere Mitarbeiter darin, sich auf das Eisenhower-Diagramm zu konzentrieren. Um an wichtigen und dringenden Aufgaben arbeiten zu können, mussten wir uns konzentrieren und Zeitmanagement betreiben.[41]

Zusammenfassung und Fahrplan aller Schritte, die erforderlich waren, um innerhalb von zwei Jahren das beste Lean-Werk der Gruppe zu werden:

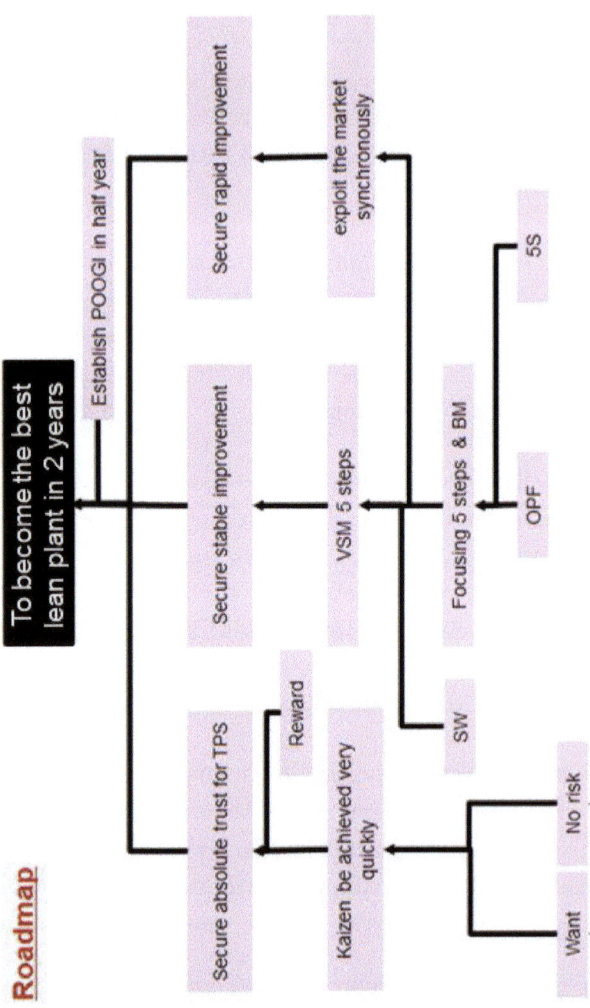

Wie ist es Ihnen gelungen, die Fließfähigkeit an der Generatorlinie von 12,2 auf 6,1 Tage pro Teil zu erhöhen?

Unsere Lösungen waren:

- Kontrolle der Durchlauffähigkeit (einschließlich Work-in-Progress-WIP-Trend): Die Verbesserung des Durchflusses (oder der entsprechenden Durchlaufzeit) ist ein vorrangiges Ziel des Betriebs. Nachdem die Ursachen für die Engpässe ermittelt worden waren, erforderte die Lösung einige Änderungen im Produktionsprozess. Sie erforderte eine völlige Neugestaltung der Ausrüstung, der Methoden und des Layouts des Arbeitsbereichs. Die Mitarbeiter mussten neu geschult werden, um die Verbesserungen zu verstehen. Außerdem musste der Prozess regelmäßig überwacht werden, um seine Leistung im Laufe der Zeit zu verfolgen und zu bewerten.[42] [43]

- Verbesserung der Durchlaufzeit: Wir beseitigten Engpässe im Durchlauf mit erhöhter Fertigungssicherheit. Dann verringerten wir die Rückweisungsquote durch verbesserte Mitarbeiterschulung und den Einsatz von Werksautomation, wo immer dies möglich war. Außerdem haben wir den Prototypenbau auf eine separate Produktionslinie verlagert, um die Serienproduktion nicht zu beeinträchtigen.[44]

- Verringerung des WIP in der Produktion: Zunächst prognostizierten und berechneten wir die WIP-Stände, woraufhin wir die Kapazitäten teilten, Maschinen hinzufügten und die Arbeitskräfte, die JIT-Produktion (Just-in-Time), Zeiteinsparungen und die Zuweisung der richtigen Mitarbeiter verbesserten. Die Vorteile der WIP-Reduzierung wurden unter anderem durch den Einsatz zusätzlicher Maschinen oder Prozessverbesserungen erzielt, die zu einer

Verringerung der Fehlerquote und einer höheren Produktion in einer bestimmten Zeit führten. Die Unternehmenspolitik, die die Abteilungen zu einer guten Zusammenarbeit zum Wohle des gesamten Unternehmens ermutigte, wirkte sich ebenfalls positiv auf den WIP aus.[45]

- Just-in-Time-Produktion (JIT): Wir waren in der Lage, die von den Kunden gewünschten Produkte in den gewünschten Mengen genau dann herzustellen, wenn sie sie brauchten. JIT beruht auf der Verwendung von Kontrollstichwörtern in den Beständen, um die Notwendigkeit der Herstellung von Produkten aus Rohstoffen anzuzeigen. Das Ergebnis war eine erhebliche Verringerung der WIP und anderer Probleme wie Überproduktion und ungenaue Bestände.[46]

- Zeitersparnis und Zuweisung des richtigen Bedieners, einschließlich:

  - Verkürzung der Durchlaufzeit in der Fertigung: Wie kann man die Fertigungsvorlaufzeit verkürzen? Wir haben häufiger kleinere Mengen bestellt. Bei größeren Bestellungen dauerte es länger, sie zu erfüllen und zu versenden. Dann schlossen wir mit unseren Kunden einen klaren Vertrag über die Durchlaufzeiten ab, den wir einhielten, indem wir unser Bestandsmanagement automatisierten und unsere Lieferanten über die Verkaufsdaten informierten. Wir hatten ein wöchentliches Follow-up über den TPS-Status, den Status der Fließfähigkeit und die WIP-Trends.[47]

  - Wertstromanalyse und Mapping: Die VSA/VSM veranschaulichte die notwendigen Prozessschritte vom Auftragseingang bis zur Auslieferung des Endprodukts und war nützlich, um einen weitreichenden Überblick über die Aktivitäten des Unternehmens zu erlangen. Sie ermöglichte es uns, unwesentliche Aktivitäten, die zu Verschwendung führten, zu entfernen und gleichzeitig den Fertigungsprozess aufrechtzuerhalten.[48]

- Takt-Management: Die Taktzeit ist die Geschwindigkeit, mit der wir ein Produkt fertigstellen mussten, um die Kundennachfrage zu erfüllen. Die Taktzeit war unsere Verkaufsrate und wurde als der Herzschlag unseres Arbeitsprozesses eingestuft. Sie ermöglichte es uns, unsere Kapazitäten so zu optimieren, dass wir die Nachfrage befriedigen konnten, ohne zu viele Bestände in Reserve zu halten.[49]

Zusammenfassung: Lange Zeit waren Ressourcennutzung und Effizienz die wichtigsten betrieblichen Messgrößen in der Produktion. Wir änderten unser Ziel in Fließfähigkeit, weil wir

- die Produktivität erhöhten (berechnet durch Durchsatz (T) geteilt durch Betriebskosten OE),
- den Lagerumschlag erhöhten (berechnet durch Durchsatz (T)/Bestand),
- den Cashflow erhöhten (als Durchsatzwert (T) minus Betriebskosten OE minus Bestandserhöhungen),
- die Verkaufsleistung (Fertigwaren) durch Input TVC (gesamte variable Kosten) + Durchsatzwert (T) erhöhten,
- den ROI durch (Durchsatzwert (T) minus OE) /Investition verkürzten.

Wir haben unsere Organisation auf unser Ziel ausgerichtet, indem wir zwischen drei operativen Messungen unterschieden haben:

- Durchsatz: Die Rate, mit der das System Geld durch Verkäufe abzüglich der variablen Kosten erwirtschaftet. Dies entspricht der Wertschöpfung des Systems.

- Vorrat: Das gesamte Geld, das das System in den Kauf von Dingen investiert hat, die es verkaufen will. Später wurde dies auf alle Investitionen wie Anlagen, Immobilien, Ausrüstung usw. ausgedehnt.

- Betriebskosten: „Alles Geld, das das System ausgibt, um das Inventar in Durchsatz zu verwandeln". Diese Fix-kosten, wie Miete und Gehälter, fallen unabhängig davon an, ob der Durchsatz steigt oder sinkt.[50] [51]

Welche Arten von Six-Lean-Kultur-Problemlösungsworkshops haben Sie installiert und leiten sie jedes Jahr?

- A3-Diagramme und A3-Denken: Sie werden verwendet, um die notwendigen Informationen zu dokumentieren, die für Fortschrittsberichte und Entscheidungsfindung benötigt werden.[52]

- Fehleruntersuchung durch mathematische Statistik: Für die numerische Bewertung der Dauerfestigkeit sehr harter Materialzustände ist zum Beispiel die Kenntnis der Fehlerverteilung des Materials erforderlich. Die Standardmethoden sind jedoch nicht geeignet, um die tatsächliche Einschlussverteilung zu ermitteln.[53] [54] [55]

- Workshops für wöchentliche Schulungen: 5S, Poka-Yoke, Lean Production, SPC, Grundlagen von Six Sigma;

- Kaizen-Projekte;

- Transparenz von Erfolgen und Problemen;

- Obeya (Kriegsraum): Ein Obeya-Raum ist ein wichtiger Bestandteil der Lean-Manufacturing- und Lean-Thinking-Strategien. Wir nutzten ihn für Workshops, Projektbesprechungen usw. Wir befolgten die TPS-Regeln: Sei spezifisch, sei organisiert, sei visuell, um schnelle und effiziente Ergebnisse zu erzielen. Alle Beteiligten befanden sich in diesem Raum, um eine schnelle Kommunikation und eine schnelle Entscheidungsfindung zu ermöglichen.[56]

TPS Management Board			
Goal and Slogan		Strategy & Tactics Planning	
LT	WIP	Muda shooting A3 report	VSM
Productivity	Pace-maker process OEE	MCE	Kaizen project A3 report

Wie ist es Ihnen gelungen, die Auslastung der Maschinen von 84 Prozent auf 92,5 Prozent zu steigern?

Wir haben die folgenden Maßnahmen ergriffen:

- Monatliche OEE-Kontrolle: Die Gesamtanlageneffektivität ist ein Maß für die Produktionsleistung während eines bestimmten Zeitraums. OEE identifiziert den Prozentsatz der geplanten Produktionszeit, der wirklich produktiv ist. Wir setzten den Lackierofen als Schrittmacherprozess ein. Nennen wir ihn BN (Bottle Neck),
  - wobei die OEE berechnet wird als BN-Auslastung mal BN-Effizienz mal FQY (Final Quality Yield);
  - vereinfachte OEE ist gleich (Gutmenge mal Ideale Zykluszeit) durch die geplante Produktionszeit, oder
  - OEE ist gleich Leistung mal Verfügbarkeit mal Qualität
  - Jedem Faktor sind zwei Verluste zugeordnet, insgesamt also sechs. Die sechs Verluste sind wie folgt:
    - Leistung ist gleich (1) verringerte Geschwindigkeit minus (2) kleinere Stopps
    - Verfügbarkeit ist gleich (3) Ausfälle minus (4) Produktumstellung
    - Qualität ist gleich (5) Ausschuss beim Anfahren minus (6) Ausschuss im Betrieb
    - Das Ziel besteht schließlich darin, die Ursachen für die Verluste zu ermitteln, zu priorisieren und zu beseitigen. Dies geschieht durch selbstverwaltete Teams, die Probleme lösen. Die

Beschäftigung von Beratern zur Schaffung dieser Kultur ist gängige Praxis.[57]

- Wir brachten an allen Maschinen SPC-Karten (Statistische Prozesskontrolle) an. Diese Regelkarte ist ein Diagramm, mit dem man untersuchen kann, wie sich ein Prozess im Laufe der Zeit verändert. Wir verwenden sie, um Probleme zu finden und zu korrigieren, wenn sie auftreten, um die erwarteten Ergebnisse eines Prozesses vorherzusagen und um festzustellen, ob ein Prozess stabil ist (in statistischer Kontrolle).[58]

- Aufstellung eines Plans für die vorbeugende Wartung jeder Maschine. Vorbeugende Wartung ist eine Arbeit, die regelmäßig (auf einer geplanten Basis) durchgeführt wird, um die Wahrscheinlichkeit zu minimieren, dass ein bestimmtes Gerät ausfällt und kostspielige ungeplante Ausfallzeiten verursacht. Die Handbücher, die von den Maschinenherstellern zur Verfügung gestellt werden, enthalten oft Zeitpläne für die notwendige Wartung, die Verwendung wichtiger Ersatzteile und grundlegende Wartungsanweisungen.[59]

- Ersatzteilmanagement: Ein praktikables Ersatzteilmanagement blieb die Grundlage für einen zuverlässigen Anlagenbetrieb. Als Betriebsleiter oder Supply-Chain-Manager mussten wir wissen, wie wir feststellen können, welche Ersatzteile benötigt werden, um unsere Anlage produktiv zu machen. Um ein effizientes Ersatzteilmanagement zu betreiben, kalkulierten wir die Risiken für jedes Gerät.[60]

- Überstundenmanagement für Bediener, die mit der Reparatur defekter Vorrichtungen und Geräte im neuen

Werkzeugbau beauftragt sind. Um diese Aufgabe an den Wochenenden intern zu erfüllen, und zwar zu geringeren Kosten und mit einer viel schnelleren Reaktionszeit, als dies bei externen Lieferanten möglich wäre, haben wir einige Grundmaschinen zum Drehen, Fräsen und Bohren gekauft.

- Andon schuf eine schnelle Reaktion. Das Andon-Prinzip bezieht sich auf eine Methode, mit der die Mitarbeiter an der Frontlinie schnell mit den Führungskräften über prozessbezogene Probleme kommunizieren können, für die der Problemlösungsprozess eskaliert werden sollte. Das Andon-Signal kann auf verschiedene Weise erfolgen: durch Alarme, Schnüre, farbige Kegel, Monitore, Lichter, Musik oder eine Kombination davon. Unsere Andon-Visualisierung von Rot, Gelb und Grün sollte an jedem Arbeitsplatz eine (manuelle oder automatische) Möglichkeit für den Bediener bieten, das Vorhandensein eines abnormalen Zustands zu signalisieren und sofortige Unterstützung zu erhalten, um das Problem zu beheben.[61]

- Überwachungskamerasystem: Nach dem Auftreten eines Defekts setzten wir Kameras ein, um die Ursache zu finden. Die Kameras waren für die Arbeiter sichtbar und verhinderten jeden absichtlichen Fehler.

- Totale produktive Instandhaltung (TPM): Ein wichtiges Ziel von TPM ist es, die Produktivität einer Fabrik und ihrer Anlagen mit bescheidenen Investitionen in die Instandhaltung zu steigern. Das Hauptziel von TPM besteht darin, die OEE (Overall Equipment Effectiveness) der Anlagen zu erhöhen. TPM befasst sich mit den Ursachen für eine beschleunigte Verschlechterung und schafft gleichzeitig ein angemessenes Umfeld zwischen

Bedienern und Anlagen, um die Eigenverantwortung zu fördern. Total Quality Management (TQM) und Total Productive Maintenance (TPM) sind die wichtigsten operativen Aktivitäten des Qualitätsmanagementsystems. Damit TPM wirksam wird, ist die volle Unterstützung der gesamten Belegschaft erforderlich. Dies sollte dazu führen, dass das Ziel von TPM erreicht wird: Steigerung des Produktionsvolumens, der Arbeitsmoral und der Arbeitszufriedenheit.

Die acht Säulen der TPM konzentrierten sich im Allgemeinen auf proaktive und präventive Techniken zur Verbesserung der Zuverlässigkeit der Anlagen:

1. autonome Instandhaltung,
2. gezielte Verbesserung,
3. geplante Instandhaltung,
4. Qualitätsmanagement,
5. frühzeitiges Ausrüstungsmanagement,
6. Ausbildung und Schulung,
7. Sichere, gesunde Umwelt,
8. TPM in Verwaltung und Büro.

Mit Hilfe dieser Säulen konnten wir die Produktivität steigern. Wir brauchten jedoch die Unterstützung des Managements.[62]

Finanzen und Verkaufszahlen

Wir haben über Qualitätsmanagement, Produktion und Wartung gesprochen. Jetzt lassen Sie uns über Finanzen und Verkaufszahlen sprechen.

Wie konnten Sie das Umsatzvolumen von 97 Millionen RMB auf 130,5 Millionen RMB steigern, was einem Zuwachs von etwa 30 Prozent entspricht?

Wir haben verschiedene Lösungen genutzt:

- Wir haben ein paar zusätzliche Händler gefunden, die bereits gute Verbindungen zu potenziellen Kunden hatten. Wir gaben ihnen eine gute Gewinnspanne für den Kauf und Verkauf unserer Steuerungen und Wechselrichter. Daraufhin wechselten sie vom Verkauf von Produkten unserer Konkurrenten zu uns.

- Preissenkung: Außerdem haben wir auf dem US-Markt unsere Preise etwas gesenkt, um die Kunden dazu zu bewegen, von den Generatoren der Konkurrenz zu unseren zu wechseln. Dies war aufgrund interner Kostensenkungsmaßnahmen mit guten Ergebnissen möglich, die bereits erläutert wurde.

- Erhöhte Aufträge: Aufgrund einer besseren Lieferantenbewertung durch unseren wichtigsten Kunden erhielten wir mehr Aufträge. Die malaysische SQE unseres Kunden untersuchte unser Werk, aber wir spielten mit offenen Karten, erklärten, dass wir uns verbessern wollten, und baten um Genehmigung.

Einen Monat später besuchte uns auch ihr Chef. Wir diskutierten die Umstrukturierung unseres Unternehmens mit besserer Qualität, OTD und Preisgestaltung. Er gab uns sein Einverständnis. Wir haben dann unsere Produktionslinie während der Ferien umstrukturiert und ein Dreischichtmodell eingeführt, um den OTD mit höheren Mengen zu erfüllen.

- Neue, wettbewerbsfähige Produkte: In der Zwischenzeit hat unsere Forschungs- und Entwicklungsabteilung das Design von Motoren und Generatoren verbessert, um niedrigere Preise zu erzielen, was von den Kunden mit zusätzlichen Aufträgen angenommen wurde.

- Lokalisierung der Fertigung in China für chinesische Kunden: Die Beschaffung in der Einkaufsabteilung hatte hohe Priorität, um Lieferanten aus Übersee loszuwerden.

  Wir stellten einen engagierten Sourcing-Ingenieur ein, der in der Lage war, lokale Lieferanten zu finden und zu qualifizieren, die wesentlich bessere Preise als zuvor boten, und das mit geringeren Lieferrisiken als vorher. Sogar Vorauszahlungen an Lieferanten waren nicht mehr nötig. So erhöhten wir den OTD auf 100 Prozent, was den Kunden gefiel, und erhielten so mehr Aufträge.

Mehr Aufträge und Umsatz bedeuten nicht gleich mehr Gewinn. Wie ist es Ihnen gelungen, den Betriebsgewinn von 56.000 auf 2,6 Millionen RMB/Monat zu steigern?

- Wie Sie bereits wissen, haben wir uns in den Bereichen Qualitätsmanagement, Fertigung, Wartung und Lieferkette kontinuierlich verbessert. Unsere Ausgaben sind stark gesunken.

- Nach sechs bis 12 Monaten konnten alle Kunden drastische Verbesserungen bei ihren KPIs feststellen, wie zum Beispiel Null Fehler an ihrem Standort, Null Fehler bei der Kontrolle ihres Lagers.

  Und nicht zuletzt verbesserte sich die Kommunikation zwischen SQE und unseren Ingenieuren und mir auf gleicher Ebene über technische Verbesserungen, was insgesamt unseren Umsatz steigerte. Mehr Umsatz bei geringeren Kosten hat unseren Gewinn enorm gesteigert.

Wie ist es Ihnen gelungen, die Gesamtarbeitskosten von 210 auf 168 TUSD/Monat zu senken?

- Glücklicherweise hatten wir keinen starken Betriebsrat. Also haben wir einige Arbeitnehmervertreter eingesetzt, ihnen unsere Verbesserungen vorgestellt und ihnen eine gute Zukunft in unserem Unternehmen gegeben. Schritt für Schritt reduzierten wir die Zahl der Bediener, indem wir Leistung, Verhalten, Einstellung, unentschuldigtes Fehlen, Krankheitsquote usw. bewerteten und dies für alle sehr transparent machten.

  Gleichzeitig stellten wir von der Zellenproduktion auf eine Fließfertigung um, bei der wir nicht mehr so viele Mitarbeiter benötigten. Qualifizierte Bediener, die mehrere Aufgaben bewältigen konnten, ersetzten andere Bediener, die nur einen einzigen Arbeitsgang bewältigen konnten.

- Verringerung des Verwaltungsaufwands. Da ich feststellte, dass der Informationsfluss von mir zur Bedienerebene sehr langsam war und die mittlere Führungsebene sogar Aufträge ablehnte, habe ich die

Organisationsstruktur sehr schlank gestaltet und ein bis zwei Führungsebenen gestrichen.

So wurden der Produktionsleiter und einige seiner Vorgesetzten entlassen. Ich stellte eine externe Person als Produktions- und TPS-Manager ein, die die Zellenleiter anleiten konnte. Der Finanzdirektor und der IT-Manager haben gekündigt, aber die Personalleiterin musste entlassen werden, weil die Mitarbeiter gestreikt hatten.

Human Resources – Personalwesen

Lassen Sie uns über die Humanressourcen sprechen.

Wie ist es Ihnen nach der Entlassung Ihres Personalleiters gelungen, die Zahl der Mitarbeiter von 143 auf 117 zu reduzieren, was etwa 18 Prozent entspricht?

- Die neue Personalleiterin, die ich auf eine Empfehlung hin eingestellt hatte, unterstützte die Vision und den Auftrag des Unternehmens, im Allgemeinen im Hinblick auf Überstunden in ihrem Team aufgrund der anstehenden anspruchsvollen Aufgaben. Zu diesen Aufgaben gehörte auch die Verringerung des Personalbestands. Da wir unsere Produktivität und Automatisierung erhöht hatten, brauchten wir nicht mehr so viele Mitarbeiter.

- Da die Regierung ihre Denkweise von der Unterstützung von Unternehmen auf die Unterstützung von Arbeitnehmern verlagert hatte, wurde es immer schwieriger, Mitarbeiter freizustellen, ohne dass einige Monate vorher eine intensive Vorbereitung erforderlich war, um Schiedsgerichtsverfahren und Prozesse in China zu gewinnen.

Die Fehlzeiten wurden von 8,02 auf 0,48 Prozent (Rückgang um 93 Prozent) reduziert. Wie haben Sie das erreicht?

In China gibt es einen einfachen Trick: Verringerung des Personalbestands und gleichzeitige Erhöhung der Überstundenzahl. Nach chinesischem Arbeitsrecht werden Überstunden unter der Woche mit 50 Prozent Zuschlag, am Wochenende mit dem Doppelten und an Feiertagen mit dem Dreifachen vergütet. Die Berechnung von Einstellungen oder Überstunden gehört ebenfalls zu den Aufgaben der Personalabteilung.

Die Personalfluktuationsrate wurde von 6 auf 3,6 Prozent (Rückgang um 40 Prozent) gesenkt. Warum waren die Mitarbeiter trotz dieses Drucks bereit zu bleiben?

Eigentlich haben die Personalabteilung und ich für die Mitarbeiter einen Spaß während der Arbeit organisiert, und sie fanden es gut. Wir mussten dafür sogar ein wenig Geld in die Hand nehmen. Zum Beispiel:

- Wir haben zum ersten Mal seit drei Jahren die Türen für Familienmitglieder geöffnet.

- Wir bewarben uns um eine Auszeichnung als bestes Unternehmen in unserer Stadt und konkurrierten mit Siemens, Volkswagen und anderen großen Unternehmen, damit wir in der Stadt bekannt wurden. Inzwischen brauchten wir keine neuen Mitarbeiter mehr zu suchen. Sie bewarben sich von selbst bei uns, auch wenn wir nicht zu den besten 100 Unternehmen gehörten.

- Eine weitere soziale Verbesserung bestand in einer privaten Versicherung für Familien mit Kindern, die die

Heilung von Krankheiten umfasst, die nicht von der staatlichen Versicherung abgedeckt werden.

- Teambildende Veranstaltungen wie Badminton- und Fußballturniere gegen andere große Unternehmen: Als kleines Unternehmen erreichten wir zwar nicht die erhoffte Platzierung, aber wir waren stolz, dabei zu sein.

- Exkursionen: Einmal im Jahr reiste das gesamte Unternehmen an einen touristischen Ort in China, zum Beispiel zum Wandern in den Bergen oder zum Bootsfahren auf einem See.

- Outdoor-Schulungen an Wochenenden, wie zum Beispiel Management- und Workshop-Teambuilding mit einem speziellen Schulungsprogramm eines privaten oder staatlichen Instituts.

- Einmal im Jahr erhielt jeder Mitarbeiter einen Gutschein für einen teuren Gesundheitscheck.

- Monatliche kurze Townhall-Meetings, um allen unsere Erfolge in den einzelnen Abteilungen zu zeigen und unsere Erfolge und Herausforderungen transparent zu machen, was bei den Mitarbeitern gut ankam

- Mein Coaching-Management-Stil für die direkt unterstellten Manager führte zu einer unterstützenden Mentalität mit guten, schnellen Umsetzungsergebnissen. Jeden Tag nach dem Mittagessen gibt es eine 30-minütige „Offene-Tür“-Zeit, in der sich jeder mit mir treffen und seine Anliegen und Wünsche unter vier Augen besprechen konnte.

- Nicht zuletzt die Organisation von Firmenessen zur Feier von Erfolgen in Projekten oder bei Treffen mit Reisenden des Hauptquartiers oder die Organisation einer CNY-Party, bei der alle Mitarbeiter ihre persönlichen Talente unter Beweis stellen können, zum Beispiel beim Karaoke-Singen, Tanzen und Comedy.

Sie haben ein Vorschlagswesen eingeführt, um die Umsetzung realisierter Verbesserungen von 0 auf 283 zu erhöhen. Was bedeutet das?

Das Vorschlagswesen war für die Mitarbeiter neu. Es war nicht eingeführt worden, weil die Zentrale Angst vor Nachteilen und bürokratischem Aufwand hatte, aber ich konnte die Zentrale anhand einer Lean-Erfolgsgeschichte überzeugen:

- Management-Bewertungsprozess: Wir setzten ein Managementteam ein, das die mögliche Umsetzung der Vorschläge bewertete.

- Die Umsetzung wurde von der Personalabteilung begleitet.

- Nach der Umsetzung zahlten wir großzügige Prämien entsprechend dem Beitrag des Einzelnen zum Unternehmen. Die Mitarbeiter wurden bei monatlichen Townhall-Meetings geehrt, nachdem sie ihre Leistungen vor Publikum präsentieren konnten.

Was war denn das Feedback Ihrer Zentrale, nachdem Sie dieses von Ihnen auf Erfolgskurs geschickte Unternehmen verlassen haben?

Karl ist ein bewährter Senior General Manager, der einen Hintergrund in der schnelllebigen Produktion hat und über ausgezeichnete Englisch- und gute Chinesisch-Kenntnisse verfügt. Er konzentriert sich auf den Kundendienst und hat sich im direkten Umgang mit Kunden und Händlern bewährt.

Er setzt sich für Folgendes gleichermaßen ein:

- *operative Exzellenz,*
- *kommerzieller/Geschäftssinn mit voller Verantwortung für die Gewinn- und Verlustrechnung,*
- *Führungsqualitäten und Personalentwicklung,*
- *technischer Schwerpunkt und Hintergrund.*

Karl hat ein außergewöhnliches Verantwortungsbewusstsein, das über das hinausgeht, was er selbstständig tun muss. Außerdem verfügt er über Fachkenntnisse, die zu überzeugenden Arbeitsergebnissen führen. Darüber hinaus ist er aufgrund seiner Erfahrung in allen technischen und kaufmännischen Bereichen kreativ, flexibel und entscheidungsfreudig. Er hat ein sehr hohes Engagement für seinen Beruf.

Er ist begeisterungsfähig für neue Herausforderungen und hat sein Fachwissen aus eigener Initiative aktualisiert und erweitert. Er hat seine Aufgaben stets pünktlich und in guter Qualität erledigt. Sein Verhandlungsgeschick ist hervorragend.

Sein Verhalten im Umgang mit Kunden, Lieferanten, Vorgesetzten und Kollegen war stets einwandfrei. Er hat unser Unternehmen immer bestens vertreten.

Ich empfehle ihn für eine neue Stelle, wieder als General Manager. Ich sollte auch erwähnen, dass der Empfänger sich gerne an mich wenden kann, um weitere Informationen über diesen Mitarbeiter zu erhalten.

Wir danken ihm für seine hervorragenden Leistungen und wünschen ihm für seine Zukunft alles Gute.

Verkauf und Umstrukturierung

Interim General Manager in China für Restrukturierung und Ausbau des Vertriebs.

Verbesserung der Verkaufsorganisation und Umstrukturierung der Niederlassung eines US-Unternehmens in China.

Stichworte: Suche nach einem neuen Standort in China, Vertrieb, schlanke Produktion/KVP, Umstrukturierung.

Management Summary[63]

Das Projekt im Überblick:

- Gründung einer Niederlassung von US-Unternehmen in China.
- Suche nach einem neuen Standort für die Niederlassung zu günstigeren Bedingungen.
- Kurzfristiger Einsatz zur Rettung eines kritischen Großauftrags.
- Neues Alleinstellungsmerkmal mit VR- und AR-Systemen entwickelt.
- Einführung von Asaichi-Board und Werksbesichtigungen für Verbesserungen in der Fertigung.
- Die Entlassung des CFOs brachte Schwung und Ruhe in das Team.

- Gemeinsam mit dem neuen Vertriebsteam mehrere Großaufträge akquiriert

Ausgangssituation

Der Interim General Manager – ich – wurde von der Zentrale eines US-Unternehmens für ein Umstrukturierungsmandat in Shanghai (China) bestellt. Der Auftrag bestand ursprünglich aus zwei Teilen: Der Interim Manager sollte die Niederlassung des US-Unternehmens innerhalb von sechs Monaten in ein Gebiet außerhalb Shanghais verlagern, um die Kosten zu senken. Außerdem galt es, das Unternehmen mit Hilfe von Entlassungen wieder in die Gewinnzone zu bringen. Doch das war nur der Anfang. Der Interim Manager übernahm von Anfang an zahlreiche weitere Aufgaben.

Das US-Unternehmen baut große elektrotechnische Anlagen und Maschinen nach Kundenspezifikationen. Infolge der Covid-19-Pandemie waren die Märkte der Branche außerhalb Chinas stark eingebrochen. Aber auch in China gab es keine Aufträge mehr. Das Unternehmen stand mit dem Rücken zur Wand.

Einen neuen Standort finden

Einen neuen Standort für eine Niederlassung zu günstigeren Bedingungen gefunden

Um einen neuen Standort für die Filiale zu finden, besuchte der Interim Manager mehrere neue Entwicklungszonen (Industriegebiete) und Gebäude in der Umgebung von Shanghai. Nachdem er einen geeigneten Standort ausgewählt hatte, verhandelte er zunächst mit der örtlichen Regierung über Preise und Rabatte. Bei den anschließenden Verhandlungen mit dem eigentlichen Vermieter konnte der Interim Manager eine erhebliche Mietreduzierung für die folgenden Jahre erreichen.

Kurzfristige Aktion zur Rettung eines kritischen Großauftrags

Die Zentrale hatte bereits vor dem Auftrag eine neue Organisationsstruktur mit neuen Vertriebsleitern eingerichtet. Die alte zehnköpfige Vertriebsmannschaft wurde wegen Betrugsverdachts zur Fernarbeit geschickt, aber nicht entlassen – in der Hoffnung, sie würden von sich aus kündigen, um Abfindungen zu sparen. Aber das taten sie nicht. Sie wurden schließlich mit einer Abfindung entlassen. In der Übergangsphase wurde das Verkaufsteam durch den Verlust von Know-how geschwächt. Die erste außerplanmäßige Aufgabe des Interim Managers bestand daher darin, den Verkauf zu unterstützen und einen im Geiste bereits abgeschriebenen Auftrag neu zu verhandeln und erfolgreich abzuschließen.

Know-how-Lücken im Vertrieb schließen

Im Laufe des Mandats stellte der Interim Manager auch erhebliche Know-how-Lücken fest, insbesondere im Vertrieb. Er initiierte daraufhin einen internen Schulungsplan, der das Wissen aus der Technik auf das neue Verkaufsteam übertrug.

Neues Alleinstellungsmerkmal mit VR- und AR-Systemen entwickelt

Um die Vorteile der Maschinen für die Kunden besser herauszustellen, entwickelte der Interim Manager eine neue Marketingkampagne. Er gründete eine „digitale Verkaufsabteilung“. Diese neue Einheit bot den Kunden Virtual-Reality- und Augmented-Reality-Systeme (VR- und AR-Systeme) für Schulungen,

Reparatur- und Wartungsdienstleistungen an. Mit diesem Angebot konnte sich das Unternehmen deutlich von seinen Mitbewerbern abheben. Darüber hinaus haben sich diese Anwendungen während der Covid-19-Pandemie als besonders wertvoll erwiesen. Sie erleichterten die Einrichtung und Wartung von Maschinen in Übersee, ohne dass Mitarbeiter ins Ausland reisen mussten – was während der Quarantänezeiten ohnehin nicht möglich war.

Einführung von Asaichi-Board und Werksbesichtigungen zur Verbesserung der Fertigung

In einem anderen Teilprojekt verbesserte der Interim Manager die Qualifikationen in der Produktion. Er initiierte ein Asaichi-Board und morgendliche Werksbesichtigungen, um Probleme vor Ort zu besichtigen, zu diskutieren, zu dokumentieren, Lösungen zu besprechen und diese mit Fristen umzusetzen. Ausgangspunkt waren Beschwerden von Kunden, die sich nach der Betriebsbesichtigung über die Sauberkeit und den Arbeitsablauf beschwert hatten.

Die Entlassung des Finanzchefs brachte Schwung und Ruhe in das Team

Kurz nach Übernahme des Mandats kam es zu einem Streit mit dem Finanzchef des Unternehmens, der sich gegen geplante Veränderungen im Unternehmen gewehrt hatte. Die Zentrale unterstützte den Kurs des Interim Managers durch die Entlassung des Finanzchefs. Dieses Signal gab den Veränderungsprojekten Auftrieb – und brachte zusätzliche Ruhe in die Teams.

Zusammen mit dem neuen Vertriebsteam mehrere Großaufträge akquiriert

In den sechs Monaten des Mandats konnte der Interim Manager zusammen mit dem neuen Vertriebsteam wichtige Großaufträge generieren und das Unternehmen nahm wieder Fahrt auf. Der anfängliche Widerstand der Mitarbeiter gegen die Umstrukturierung des Unternehmens wandelte sich in eine unterstützende Haltung.

Interim-Einkaufsleiter

Interim-Einkaufsleiter bei einem deutschen Automobilzulieferer mit schwieriger Situation in der Lieferkette in China.

Strategische Restrukturierung mit Kostensenkungen in der Lieferkette.

Stichworte: Nicht-Produktionsmaterial, Optimierung der Lieferkette, Kostensenkung.

Management Summary[64]

Das Projekt im Überblick:

- Interim-Einkaufsleiter bei einem Automobilzulieferer in China.
- Erfolgreiche Restrukturierung im Bereich des Nicht-Produktionsmaterials.
- Erfolgreiche Kostensenkungen in der Logistikkette.
- Etablierung des Einkaufs als wichtiges Teammitglied in der Projektleitung.
- Erfolgreiche Übergabe an den chinesischen Einkaufsleiter.

Ausgangssituation

Der globale Einkaufsleiter eines deutschen Automobilzulieferers setzte mich, den Interim Manager, als Interims-Einkaufsleiter im chinesischen Stammwerk in Shanghai ein. Ich ersetzte den chinesischen Einkaufsleiter, der wegen Korruption entlassen worden war.

Zu Beginn des Mandats war die finanzielle Situation des Zulieferers angespannt. Darüber hinaus wurde der Interim Manager mit der Tatsache konfrontiert, dass der derzeitige chinesische Generaldirektor ebenfalls entlassen wurde, aber bis zur Übergabe im Unternehmen verblieb.

Das Mandat wurde durch weitere Personalprobleme noch schwieriger. Einige Mitarbeiter des Einkaufs hatten sich krank gemeldet. Die Mitarbeiterin, die allein für das Nicht-Produktionsmaterial (NPM) zuständig war, befand sich im Mutterschaftsurlaub.

Schritt für Schritt der Lösung näher kommen

Erfolgreiche Umstrukturierung im Bereich des Nicht-Produktionsmaterials

Im ersten Schritt machte sich der Interim Manager – ich – daran, die Prozesse für Nicht-Produktionsmaterial neu zu organisieren. Er ermittelte die Bedürfnisse der jeweiligen NPM-Verantwortlichen und entwickelte einen Workflow von der Anfrage bis zur Erfassung im ERP-System. Außerdem erstellte er ein RASIC (Defining Roles and Responsibilities on a Project) mit Abteilungen und Namen. Dieser Plan wurde dann abgearbeitet.

Außerdem machte der Interim Manager alle Ausgaben von seiner Genehmigung abhängig. Dann machte er sich daran, neue Verträge auszuhandeln. Dies betraf die Bereiche Werkzeughersteller, Maschinenlieferanten, Umweltauditoren, Entsorgungsunternehmen, Transportunternehmen, Hotels und weitere.

Erfolgreiche Kostensenkungen in der Logistikkette

Im nächsten Schritt kündigte der Interim Manager teure Zwischenlager und Verträge mit teuren Transportunternehmen, die vom ehemaligen Einkaufsleiter abgeschlossen und vom Geschäftsführer genehmigt worden waren. Ziel war es, anstelle vieler lokaler Transportunternehmen nur noch ein internationales Speditionsunternehmen zu beauftragen. Wichtig war, dass dieses alle Transportwege abdecken sollte: Land, Schiene, Luft und Wasser. Zu diesem Zweck initiierte der Interim Manager einen Benchmark und verhandelte die Konditionen mit zwei Unternehmen.

Auch Zwischenhändler für elektronische Bauteile sollten in Zukunft weitgehend vermieden werden. Sie übernahmen zwar das Konsignationslager und lieferten einzelne Teile recht pünktlich, aber die Teile waren viel teurer als beim Direktkauf. Der Interim Manager verhandelte hart über die hohen Mindestbestellmengen, bis es zu einem Vertragsabschluss kam.

Etablierung des Einkaufs als wichtiges Teammitglied im Projektmanagement

Im weiteren Verlauf veränderte der Interim Manager das Projektmanagement im Unternehmen. Der Einkauf wurde nunmehr in jeder Entwicklungsphase frühzeitig eingebunden. So war sichergestellt, dass wir mit gut ausgewählten Lieferanten kostengünstig produzieren konnten.

An seinem letzten Tag im Unternehmen unterzeichnete der Interim Manager zwei Verträge mit Speditionsunternehmen. Danach übergab er die Abteilung an den neuen chinesischen Einkaufsleiter. Eine Herausforderung blieb: die Zusammenführung aller Abteilungen zu einem Team unter Berücksichtigung der KPI-Vorgaben und Compliance-Kontrollen „von oben“.

Die Auswahlmethodik von Produktions- und NPM-Lieferanten in China basiert traditionell auf der Beziehungsebene, nicht auf der Preis-, Qualitäts- oder Terminebene. Es war klar: Auch der neue chinesische Einkaufsleiter wird dies nicht ändern wollen. Daher ist ein sehr strenges und permanentes Compliance-Controlling durch den Einkauf in der Zentrale oder durch den neuen deutschen General Manager in China unerlässlich.

Standortwechsel, Marketing, SCM

Interim General Manager für Standortwechsel, Marketing und effektive Kostensenkung bei Supply Chain in China.

Niederlassung des deutschen Unternehmens in China nach dem Umzug optimiert.

Stichworte: Standortsuche, Vertrieb, schlanke Produktion, KVP, Umstrukturierung.

Management Summary

Das Projekt im Überblick:

- Ausgangssituation: Hohe Mietkosten erfordern mehr Aufträge und Kostensenkungen.
- Wichtige Terminaufträge aus dem Nahen Osten erfordern schnelles und effektives Handeln.
- Gewinnsteigerung durch höhere Einnahmen und geringere Ausgaben.

Ausgangssituation

Hohe Mietkosten erforderten mehr Aufträge und deutliche Kostensenkungen

Der General Manager (GM) – also ich – wurde von der Zentrale (HQ, Headquarter) in Deutschland beauftragt. Der Auftrag umfasste die Produktion von Metall-, Kunststoff- und Keramikteilen für die chemische Industrie und die Umwelttechnik, die aus mehreren Teilen bestand. Der Interim Manager (IM) war für den Umzug des Unternehmens an einen neuen Standort zuständig. Dieser wurde bereits eingerichtet.

Aufgrund der gestiegenen Mietkosten mussten zusätzliche Aufträge generiert werden. Dies galt sowohl für den Fertigungsbereich als auch für das Handelsunternehmen. Außerdem mussten die Einkaufskosten gesenkt werden, denn die Gesamtkosten in China sollten im Vergleich zu den Kosten der Muttergesellschaft in Deutschland und der Tochtergesellschaft in den USA maximal 60 Prozent betragen. Um Kundenreklamationen zu reduzieren, sollte eine Qualitätskontrolle eingeführt bzw. ausgebaut werden. Es sollte ein detaillierter Businessplan erstellt werden, der einen Überblick gab und Perspektiven aufzeigt.

Schritt für Schritt zum Erfolg

Wichtige Aufträge aus dem Nahen Osten erforderten schnelles und effektives Handeln

Nach dem Umzug in eine neue Fabrik standen die Einweihung des Unternehmens, die Präsentation und Diskussion des Geschäftsplans sowie wichtige Terminaufträge für den Nahen Osten an. Die Einhaltung dieser Fristen wäre selbst mit Überstunden nicht möglich gewesen. Der Geschäftsführer führte eine gründliche Projektüberwachung durch, wendete Auslastungs- und Kapazitätsberechnungen für Produktion und Technik an, stellte vorübergehend externe Fachkräfte von einer Arbeitsagentur ein, installierte Qualitätstore und ein Produktverfolgungsblatt in der Werkstatt, leitete fortschrittliche Werkzeugreparaturen und Maschinenwartungen ein, um eine erhöhte Produktion ohne Ausfallzeiten sicherzustellen. Bei morgendlichen

Betriebsbesichtigungen und Werkstattbesprechungen mit dem Asaichi-Vorstand wurden Probleme aufgezeigt, für die sofortige Lösungen gefunden werden konnten.

So wurde beispielsweise ein Arbeitsablauf vom Wareneingang über die Inspektion und Prüfung bis zum Warenausgang geschaffen, der die Zykluszeiten für das Stanzen, Falzen, Schweißen und Ausbrechen koordinierte. Die Kunststoff- und Metallschweißer wurden extern und intern geschult, um die Qualität der Schweißnähte zu verbessern und die Schweißzeiten zu verkürzen.

Die neu dokumentierte Qualitätsprüfung beim Wareneingang hat verhindert, dass fehlerhafte Teile in die Produktion (und zu den Kunden) gelangen. Bilder zur Veranschaulichung von Gut- und Schlechtteilen sowie detaillierte mehrsprachige Arbeitsanweisungen für Produktion, Montage und Verpackung haben das Fehlerrisiko auf nahezu Null reduziert. Die zugesagten Liefertermine für die Kunden und die Qualität der Teile konnten bei diesem und allen folgenden Aufträgen eingehalten werden.

Um die Einkaufskosten für die nächsten Aufträge zu senken, wurden neue Lieferanten gefunden. So wurde zum Beispiel ein Lieferant aufgetan, der eine Laserschneidmaschine lieferte. Diese Methode wurde eingeführt, weil das Stanzen mit einem Werkzeug teurer ist. Befestigungs- und Verbindungsmaterial konnten mit einem Preisnachlass von 50 Prozent eingekauft werden.

Zuvor bekannte Lieferanten wurden aufgesucht und die Preise neu ausgehandelt. Eine weitere Person, die bisher nur Nicht-Produktionsmaterial (NPM) einkaufte, wurde eingestellt, um den derzeitigen Einkäufer bei der Beschaffung zu unterstützen. Die nicht ausgelasteten Spritzgießmaschinen mit ihren teuren

Stückkosten wurden verkauft und die Teile stattdessen von diesem Lieferanten bezogen.

Die Vor- und Nachkalkulationen der Gesamtkosten wurden ebenfalls verbessert, und am Ende des Projekts wurde ein Treffen anberaumt, um aus den gemachten Fehlern zu lernen, damit sie dem nächsten Projekt zugute kommen.

Um die Bauzeiten zu verkürzen, nahm ein zweiköpfiges Team an einer Schulung in Deutschland teil, und es wurden neue Laptops angeschafft. Während der Schulung lernten die Teilnehmer, wie man einen 3D-Entwurf erstellt und wie man eine Datenbank aufbaut.

Der Vertrieb wurde durch einen weiteren neuen Mitarbeiter verstärkt, und der Geschäftsführer besuchte bestehende Kunden, um die neue Organisationsstruktur und die Werkstatt des Unternehmens vorzustellen.

Neue Aufträge kamen von europäischen Kunden, die ihre Kunden von China aus beliefern wollten, um die logistischen Kosten drastisch zu senken.

Neben monatlichen Townhall-Meetings, in denen alle Mitarbeiter über die Entwicklungen des Unternehmens informiert wurden, führte der Geschäftsführer ein Bonussystem für Verbesserungen und eine Auszeichnung für den Mitarbeiter des Monats ein.

All diese Maßnahmen trugen dazu bei, die Motivation weiter zu steigern. Die Kaizen-Aktivitäten wurden durch regelmäßige wöchentliche Besprechungen mit Projektmanagern, Einkäufern, Personalabteilung, IT, Verwaltung, QM-EHS und Produktion umgesetzt.

Fragen und Antworten zum Projekt

Ergebnisse: Welche Ziele wurden erreicht? Sind die Mitarbeiter und Kunden zufrieden?

Durch die eigene Reparaturwerkstatt hätten die Durchlaufzeiten weiter reduziert werden können, was aber nicht erreicht wurde. Das Ersatzteilmanagement hingegen hat sich gelohnt. Durch höhere Einnahmen und geringere Ausgaben sind die Gewinne sowohl in der Produktion als auch im Handelsunternehmen gestiegen.

Die wichtigsten Zuständigkeiten und Erfolge waren folgende:

- Grüne Energie: Kunststoff-, Metall- und Keramikkomponenten (Tower Internals);
- Leitung des regionalen Vertriebs in APAC (Asia-Pacific), strategische Entwicklung des asiatisch-pazifischen Raums, Leitung der regionalen Koordinierungsfunktionen:
- Gewinn- und Verlustverantwortung für den operativen Gesamterfolg in APAC;
- Verlagerung der Fabrik in Kunshan; BSC- und KPI-Installation, Kostenreduzierung in der Lieferkette Kaizen/ CIP, Vorschlagswesen, TPS;
- Steigerung der Effizienz von Vertrieb und Marketing, Geschäftsentwicklung und Produktion;
- Make-or-Buy-Kalkulationen, Kapazitätsplanung; Coaching und Führung von Mitarbeitern, Trouble Shooting, Asaichi-Board, Workflow;

- Finanzcontrolling, Vor- und Nachkalkulation von Projektkosten;
- Ursachenanalyse, Qualitätsmanagement und Qualitätskostenkontrolle;
- Schulungen und Workshops mit Mitarbeitern;
- Steigerung des Gesamtumsatzes von 0,935 Millionen RMB pro Monat auf 1,382 Millionen RMB im Monat (plus 49 Prozent);
- Anstieg des steuerpflichtigen Nettoeinkommens in der Produktion von minus 959.000 RMB auf minus 467.000 RMB (plus 51 Prozent);
- Das steuerpflichtige Nettoeinkommen im Bereich Handel stieg von minus 283.000 RMB auf 315.000 RMB (plus 211 Prozent);
- Betriebsgewinn in der Produktion stieg von 841.000 RMB auf 2,15 Millionen RMB (plus 156 Prozent)
- SC-Kosten (Material und Logistik) in der Produktion sanken von 4,36 Millionen RMB auf 3,17 Millionen RMB (Rückgang um 27 Prozent)
- Senkung der SC-Kosten (Material und Logistik) im Bereich Handel von 6,24 Millionen RMB auf 5,92 Millionen RMB (Rückgang um 5 Prozent);
- Senkung der Fehlzeiten von 12 Prozent auf 2,1 Prozent (Rückgang um 82,5 Prozent);

- Wert der realisierten Verbesserungen stieg von 0 auf 1,2 Millionen RMB (Asaichi-Board, Kaizen-Aktivitäten, Vorschlagswesen);
- Reduzierung der Überstunden von 298 auf 173 Stunden (Rückgang um 42 Prozent);
- Erhöhung der Arbeitszeit von 3012 auf 3470 Stunden (plus 15 Prozent);
- Kundenfehlerquote Reduzierung der Produktion von 504.000 RMB-Fehlern auf 0 (Rückgang um 2,8 Prozent);
- Verringerung der Kundenausfallrate im Handel von 33.272 ppm auf 14.484 ppm (Rückgang um 56 Prozent).

Gewinnanstieg aufgrund höherer Einnahmen und geringerer Ausgaben

Die chinesische Tochtergesellschaft war jedoch noch nicht selbsttragend. Der Hauptsitz und die amerikanische Tochtergesellschaft kauften weiterhin in China ein, um das Werk voll auszulasten. Um trotz der Transportkosten nach Europa und in die USA wettbewerbsfähig zu bleiben, wurden die Gewinnspannen für dieses chinesische Werk sehr niedrig angesetzt.

Eine chinesische Website und chinesisches Marketing waren notwendig, um die zahlreichen chinesischen Chemieunternehmen als Kunden zu gewinnen.

Tier 1-Autozulieferer: SOP gerettet

Executive Consulting für chinesischen Tier 1-Automobilzulieferer zur Rettung von SOP in China.

Nach der Analyse wurden strategische Verbesserungsmaßnahmen für die Unternehmens- und Projektverwaltung vorgeschlagen.

Stichworte: Allgemeines Management, Projektmanagement, VDA 6.3 Audit, KVPs.

Management Summary

Das Projekt im Überblick:

- Ausgangssituation: Terminverzug und Qualitätsprobleme gefährden den Start der Serienproduktion.
- VDA 6.3-Audit zeigte, dass Termine nur durch radikale Umstrukturierung eingehalten werden können.
- Die Abschlussdiskussion zeigte eine rasche Umsetzung der „Low Hanging Fruits".

Ausgangssituation

Terminverzögerungen und Qualitätsprobleme gefährdeten den Start der Serienproduktion

Für sechs Tage wurde ein Unternehmensberater – also ich – hinzugezogen, der vom OEM in Deutschland Aufträge erhalten hatte. Gemeinsam mit einem chinesischen Mitarbeiter führte dieser Berater ein VDA6.3-Audit bei einem chinesischen Lieferanten durch, der in China ansässig ist. Dieser Zulieferer sollte in naher Zukunft ein Niederspannungsbatteriesystem für Hybridfahrzeuge in Serie liefern.

Die D-Phase befand sich zu diesem Zeitpunkt in der Entwicklung. Aufgrund von Verzögerungen, internen Qualitätsproblemen und Schwierigkeiten mit einigen Zulieferern hatte die Firmenleitung Bedenken, den SOP-Termin einzuhalten. Sie wollte einen Bericht darüber haben, was im Unternehmen schief gelaufen ist, und wie der Zeitplan verbessert werden könnte.

VDA 6.3-Audit zeigte, dass Fristen nur durch radikale Umstrukturierung eingehalten werden können.

Es wurden Interviews mit einem VDA6.3-Bewertungskatalog durchgeführt und eine zusammenfassende Bewertung abgegeben. Leider reichte dies nicht aus, um den Kunden zufrieden zu stellen. Innerhalb des Zeitrahmens sollte auch das Top-Management auditiert werden und Verbesserungsvorschläge unterbreitet werden. Darüber hinaus hat der Kunde einen Bericht über den Status des Unterlieferanten verlangt. Wie kann das alles in sechs Tagen erledigt werden?

Die Antwort lautet: nur mit vielen Überstunden, sowohl auf Seiten des Lieferanten als auch auf Seiten der beiden Berater. Abends wurden Interviews geführt, um 22 Uhr gab es Abstimmungsgespräche mit Deutschland, und morgens um 8 Uhr wurde mit der Arbeit begonnen. Zum Glück haben alle an einem Strang gezogen, und die Projektleitung des Lieferanten möchte auch die Lösungen des Beraters sehen.

Die Ergebnisse sollten bestätigen, was der Kunde bereits wusste und anstrebte. Der Geschäftsführer und der Firmeninhaber waren der Engpass, um den herum alle finanziellen Entscheidungen getroffen wurden. Diese Situation hat das Projekt verzögert und die Mitarbeiter gelähmt. Eine Trendwende hin zu mehr Termintreue und Qualität konnte nur durch eine radikale Änderung der Organisationsstruktur des Lieferanten erreicht werden.

Der Griff nach den „Low Hanging Fruits“

Die abschließende Diskussion ergab eine rasche Umsetzung der „Low Hanging Fruits“.

Die Präsentation der Ergebnisse war für den Nachmittag des Heiligen Abends in China angesetzt. Sie dauerte genau eine Stunde, da der Kunde keine zusätzliche Zeit hatte.

Der Kunde wartete auf den Generaldirektor, aber der war mit anderen Dingen beschäftigt und kam 30 Minuten zu spät. In der Zwischenzeit zeigte der Berater schnell die Ergebnisse des VDA6.3-Audits. Der Schwerpunkt lag auf den Bereichen Qualität, Lager und Logistik. Es folgten die Bewertung des Topmanagements, des Projektmanagements und des Lieferantenmanagements. Gleichzeitig schlug er Verbesserungsmaßnahmen und einen verbindlichen Zeitplan vor.

Die eingeladenen Lieferantenmanager nahmen die Präsentation zustimmend zur Kenntnis und hatten bereits einige der vom Berater vorgeschlagenen Lösungen umgesetzt. Die Maßnahmen, die sie in den letzten Tagen ergriffen hatten, waren nicht mit Kosten verbunden.

Was blieb, war der Gedanke: „Der Fisch stinkt vom Kopf her“, aber in China werden die Dinge traditionell von oben entschieden. Das ist seit Jahrtausenden so und wird sich wohl auch so schnell nicht ändern. Selbst wenn der Kunde möchte, dass der chinesische General Manager ausgetauscht würde, wäre das ein langwieriger und unproduktiver Prozess.

Zu den Korrekturmaßnahmen, die schnell umgesetzt werden sollten, gehörten ein neues RASIC, eine lebendige Matrixorganisation, die Integration des ausländischen Kunden in das Projekt, eine lokale Versammlung der Projektmitglieder in einem Raum, um die Kommunikation und die Geschwindigkeit zu verbessern, ein zusätzlicher Lenkungsausschuss, Audits bei Unterlieferanten, mehr Befugnisse für den Projektleiter und seine Teammitglieder, Qualifizierung des QM-Teams für VDA6.3-Audits, Lieferantenentwicklung, zuverlässige Kostenstrukturanalysen, um falsche, billige Angebote und Verträge zwischen dem Firmenkunden zu vermeiden, und weiteres.

Lieferkette und Compliance

Executive Consulting für einen deutschen Tier 1-Automobilzulieferer zur Verbesserung der Lieferkette und der Compliance-Prozesse.

Nach der Analyse wurden strategische Verbesserungsmaßnahmen für Management, Vertrieb, Projektmanagement, Einkauf, Qualität, F&E, Finanzen, Personal und Produktion vorgeschlagen und umgesetzt.

Stichworte: Allgemeines Management, Lieferkette, Kostenreduzierung, KVP.

Management Summary

Das Projekt im Überblick:

- Ausgangssituation: zu hohe Kosten und Verzögerung bei der Beschaffung.
- Verschiedene Abteilungen unterstützten Lösungen vom Masterplan bis zur Umsetzung.
- Mit Teamgeist und effektiven und abteilungsübergreifenden Workshops zum Erfolg.

Ausgangssituation

Zu hohe Kosten und Verzögerung beim Einkauf

Eine Unternehmensberatung, die den Auftrag von einem marktführenden Automobilzulieferer für BMW, VW, Daimler und anderen in Deutschland erhalten hatte, beauftragte den Berater – also ich – für sieben Monate (sechs plus einen Monat Verlängerung).

In der Vorbesprechung mit der Personalabteilung und dem Vizepräsidenten des Produktionswerkes in Shanghai wurde vereinbart, den Einkaufsbereich auf den Unternehmensstandard zu bringen und anhand von Compliance-Regeln zu beurteilen, ob der Einkaufsleiter geeignet ist, das Unternehmen in die Zukunft zu führen. Schließlich gab es Vorwürfe von Bestechung, schlechter Qualität der eingekauften Komponenten, Verzögerungen bei Einkaufsterminen und unangemessen hohen Preisen für Teile, Werkzeuge und Dienstleistungen.

Vom Masterplan bis zur Umsetzung

Der Berater führte Einzelgespräche mit internen Kunden und Arbeitskollegen auf der Ebene des Einkaufsleiters und hielt den Ist- und Soll-Zustand in einem Masterplan und einer PDCA-Übersicht (Plan-Do-Check-Act) fest.[65] Nach der Festlegung von Prioritäten wurden Arbeitsgruppen gebildet, die sich mit den einzelnen Punkten befassten. Der Berater hielt die Sitzungen ab, fasste die Ergebnisse zusammen und trieb die interne und abteilungsübergreifende Umsetzung voran.

Direkter Materialeinkauf (DM)

Die Beschaffung war in diesem Fall streng operativ. Es wurde wenig bis gar nicht nach neuen Lieferanten recherchiert, der Footprint wurde nicht optimiert, langfristige Verträge und Lieferantenentwicklung wurden nicht aufgebaut.

Der Zentraleinkauf in Shanghai kannte die Einkäufer in Asien zwar namentlich, hatte aber keine gepunktete Linie und damit keine Entscheidungsbefugnis.

Das Kostensenkungspotenzial wurde nicht angesprochen oder erschlossen. Der Berater schulte die Einkäufer beispielsweise darin, eine detaillierte Kostenstrukturanalyse durchzuführen, bevor sie zu den Lieferanten gingen und Preise aushandelten. Sie fuhren zum Lieferanten und arbeiteten gemeinsam daran, die direkten Kosten für die Kalkulation zu schätzen, indem sie den Herstellungsprozess vom Materialeinkauf bis zum Versand analysierten. Nachdem sich die Einkäufer dieses Wissen angeeignet und eigenständig weitere Analysen durchgeführt hatten, wurden in Workshops Verhandlungsstrategien trainiert und geübt.

Ein Vorgespräch mit dem Geschäftsführer des Unternehmens führte zu einer schriftlichen Vereinbarung, die internen Produktionskosten gemeinsam zu analysieren und zu verbessern und die Einsparungen zu teilen, um die Unterstützung des Lieferanten zu gewinnen. Die aktuellen KPIs des Lieferanten wurden gemessen und die zukünftigen festgelegt.

Die Details dazu sind im nachfolgenden Schaubild auf der nächsten Seite festgehalten.

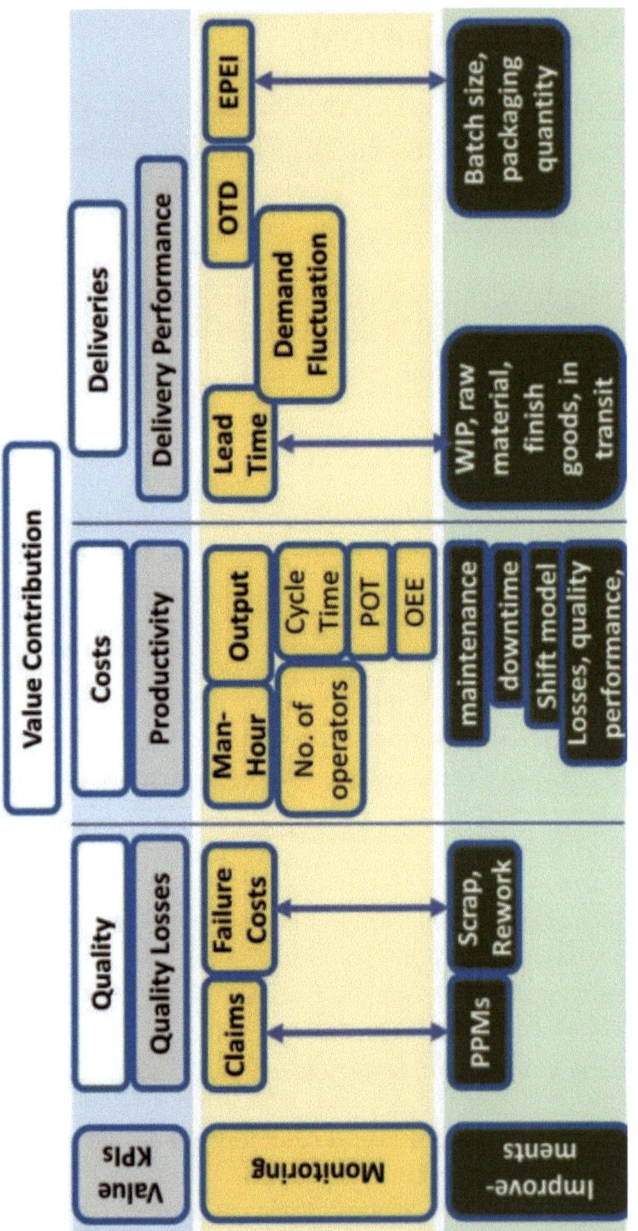

Abbildung zum Wertbeitrag: Was sind die Key Performance Indicators (KPI) für das SD-Programm?

Betreibt der Einkäufer Risikomanagement und kennt er somit die Risiken seiner Teile? Was könnte er tun, wenn sein Teil als Hochrisikoteil eingestuft wird?

Je höher das Risiko ist, desto mehr Zeit verbringt er in der Fertigungsstätte des Lieferanten, um zu prüfen, ob die Planung seinen Anforderungen entspricht.

In Zusammenarbeit mit dem Lieferanten, dem Einkäufer und der Produktqualität unterteilte der Berater das Risikomanagement in fünf Stufen und ging Schritt für Schritt für jede Komponente vor.

Dieses stufenweise Vorgehen wird in der nachfolgenden grafischen Darstellung aufgezeigt (auf der nächsten Seite).

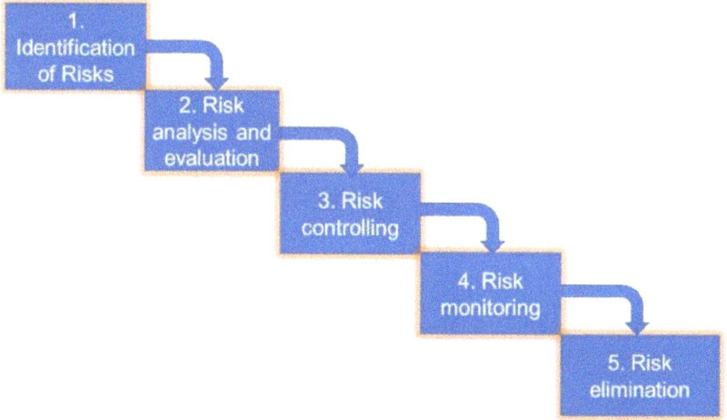

Abbildung: Die fünf Stufen des Risikomanagements

Das chinesische Corporate Social Credit System (CSCS) war den Einkäufern des Unternehmens unbekannt. Wer Aufträge an

Lieferanten vergibt, die auf einer schwarzen Liste stehen, gerät in das Visier der Regierung. Es ist ein Muss, seine Lieferanten zu recherchieren, um das Unternehmen und sich selbst zu schützen. Der Berater suchte auf www.creditchina.gov.cn und fand einen Fall. Der Lieferant wurde informiert und durfte keine weiteren Aufträge mehr erhalten.

Indirekter Materialeinkauf (IM)

Die Einkäufer von indirektem Material, wie Werkzeuge, Maschinen und Logistik, hatten Probleme mit dem Zeitmanagement. Der indirekte Materialeinkauf war personell unterbesetzt und wurde zu Unrecht vernachlässigt. Außerdem gab es eine hohe Fluktuationsrate. Die Einkäufer hetzten von einem Termin zum nächsten, ohne ihrer eigentlichen Aufgabe nachkommen zu können. Daher kauften die einzelnen Abteilungen selbst ein. „Maverick Buying“, die Beschaffung außerhalb standardisierter Beschaffungswege, gehörte in den Bereichen Personal, Dienstleistungen, IT und Marketing ohne Fokus auf Kostenreduzierung zum regulären Tagesgeschäft.

Maschinen, Ausrüstungen, Verbrauchsmaterialien sowie Dienstleistungen wurden von den Einkäufern auf rein operativer Basis erworben, ohne dass strategische Käufe getätigt wurden. Außerdem stand für jede Ware in der Regel nur ein einziger Lieferant auf der Liste. Die lokalen Einkäufer handelten völlig frei, ohne Beratung oder Führung. Im Falle von Joint Ventures (JV) wurde die Zusammenarbeit mit der zentralen Einkaufsabteilung sogar abgelehnt, was niemanden störte.

Der Berater fragte sich, was in dieser Abteilung sofort und ohne großen Aufwand verbessert werden könnte.

Er eliminierte in Zusammenarbeit mit den Fachabteilungen das „Maverick Buying“ und ließ die Einkäufer sich auf alle wesentlichen und dringenden Einkaufsaktivitäten konzentrieren.

In der Folge wurden die internen Prozesse und Aufgaben priorisiert. Um deren Vorgaben zu erfüllen, wurde das HQ (Headquarter) einbezogen. Es stellte sich heraus, dass die interne Bestellabteilung es häufig versäumte, die technischen Spezifikationen zu definieren, was dazu führte, dass das erworbene Produkt als unqualifiziert zurückgewiesen wurde. Ein großer Zeitfresser und eine Quelle von Problemen wurden beseitigt.

Die Lieferanten waren als Monopolisten ein kritischer Punkt. Beispielsweise waren Einkäufe nur bei einem auditierten Roboterunternehmen und einem Unternehmen, das Automatisierungsanlagen installierte, zulässig. Manufacturing Engineers (ME) und Einkäufer mussten gemeinsam andere Unternehmen auditieren, um genaue Benchmarks und Preisverhandlungen durchführen zu können, leisteten aber erheblichen Widerstand. Steckten sie hier beide unter einer Decke?

Die Abteilung Maschinen- und Werkzeuginstandhaltung delegierte alle Reparatur- und Wartungsarbeiten an externe Lieferanten und verursachte hohe jährliche Kosten. Auch dabei stießen Verbesserungsabsichten zunächst auf erheblichen Widerstand. Doch durch Teamarbeit und Austausch zwischen Einkäufern und Produktionsleitern gewann das Thema enorm an Fahrt. Neue Lieferanten wurden verglichen, neue Preise ausgehandelt, KPIs und RASIC festgelegt.

Die Einkäufer von DM (direktes Material) und IM (indirektes Material) übernahmen den Projekt- und Serieneinkauf. Hierzu wurde eine Differenzierung in den JDs (Stellenbeschreibungen) notwendig, die die Qualifikation im Einkauf erhöhte und für mehr Ansehen und Bedeutung in der Wertschöpfungskette sorgte.

Logistik und Qualität

Der Berater erstellte eine Übersicht über Transportunternehmen, Konsignationslager, Warenhäuser, Verpackungen und die damit verbundenen Preise im Logistikbereich. Es wurden neue KPIs definiert und die zuständigen Logistikmitarbeiter in den Einkaufsprozess einbezogen. Es stellte sich heraus, dass sie mit dem Wissen des Einkaufsleiters während der Fahrt zum Kunden von kleinen auf größere Lkw umluden, um den Gewinn zu steigern.

Der Qualitätsbereich war in Einkauf, Verkauf und Produktion aufgeteilt; zwischen diesen Bereichen gab es ständig Streit und Schuldzuweisungen. Der Berater brachte alle Beteiligten an einen Tisch und erstellte ein RASIC, das von der Hauptgeschäftsstelle und allen beteiligten Parteien genehmigt wurde. Die Aufgabe bestand nun darin, die Qualitätsprobleme des Kunden mit Workshops zu lösen und der Sache auf den Grund zu gehen.

Die Kunden forderten regelmäßig Berichte an und wollten die Fortschritte sehen, bevor sie dem Unternehmen weitere Aufträge erteilten. Die Lieferanten wurden besucht, die Beziehungen verbessert, Instrumente festgelegt und die Entscheidungsprozesse wurden durch die Partnerschaft beschleunigt. Lieferantenentwicklung und Risikoanalyse wurden eingeführt, und die Überauthentifizierung der Finanzabteilung wurde abgeschafft. Erstmals zeigte der Qualitätsingenieur im Vertrieb den Mut, Verbesserungsvorschläge an die Kunden heranzutragen und zu koordinieren, bevor kostspielige Maßnahmen bei Lieferanten und in deren Produktion eingeleitet wurden.

Da die Verkaufspreise auf der Grundlage der Einkaufspreise nicht wettbewerbsfähig waren, war die Verkaufsabteilung mit der Beschaffung unzufrieden. „Schablonen“ wurden fleißig ausgefüllt, aber die Zahlen nicht hinterfragt oder verbessert. Nach Verbesserungen wurden in abteilungsübergreifenden Workshops von Einkauf, Finanzen, Produktion und Vertrieb, die der Berater initiierte, alternative Material- und Fertigungskonzepte entwickelt. Diese verschiedenen traditionellen und innovativen Lösungen wurden dem Kunden zur Entscheidungsfindung vorgelegt. Durch die Einführung der Lieferantenentwicklung und einer verlässlichen Kostenstrukturanalyse im Einkauf konnten Preise mit dem Kunden verhandelt und wesentliche Verträge abgeschlossen werden.

In Einzelgesprächen mit den verantwortlichen Mitarbeitern gelang es, das Eis von Anfang an zu brechen. In aller Ruhe und Gelassenheit diskutierten Berater und Mitarbeiter ihre Anliegen, Anforderungen, Pläne und Wünsche. Diese persönliche Nähe, die Coaching-Mentalität und die fachliche Kompetenz des Beraters kamen gut an, und er wurde in seiner Umsetzungstätigkeit vollauf unterstützt.

Mit Teamgeist zum Erfolg

Der Einkaufsleiter kündigte schließlich, und der Berater übergab seine Rolle an einen Nachfolger mit Einkaufserfahrung. Monatliche Treffen zwischen dem Vizepräsidenten, der Personalabteilung, dem Einkaufsleiter und dem Berater wurden abgehalten, um die Fortschritte zu besprechen und die künftigen Schritte festzulegen.

Selbst wenn die Organisationsstruktur vorerst gleich bliebe, sollte der Teamgeist durch praxisnahe und abteilungsübergreifende Workshops weiter verbessert werden. Hinzu kam die regelmäßige Kommunikation, die der Einkauf benötigte, um seine Entscheidungen transparent zu machen und Gerüchten und Unruhe vorzubeugen. Durch eine gemeinsame Betrachtung aller Lieferanten konnten die Mengen und „Footprints“ optimiert werden, was zu niedrigeren Preisen und geringerem Arbeitsaufwand führt.

Die direkten und indirekten Materialeinkäufer in den einzelnen Produktionsstätten und Joint Ventures des Unternehmens in China erhielten eine „gepunktete Linie“ mit Weisungsbefugnis gegenüber dem zentralen Einkauf. Die Lieferantenverträge wurden aktualisiert, und standardisierte Vereinbarungen der Lieferanten nicht akzeptiert. Der Lenkungsausschuss, bestehend aus VP, Vertrieb, Personal, Produktion, Einkauf und Finanzen, traf schnelle und effektive Entscheidungen. Es entstand eine lernende Organisation mit einer „Hochleistungskultur“.

Auch der Weg zum „Best-in-Class-Shopping“ wurde beschritten und die einzelnen Schritte weiter definiert:

- Wie optimiert man Warengruppen durch Digitalisierung?
    - Wie kommt man von reinen Beschaffungsaktivitäten zu einer Supply Chain Business Organisation?
    - Festlegung, welche Teile Single Sourcing, Dual Sourcing oder Multiple Sourcing benötigen.
    - Festlegung, welche Teile Unit Sourcing, Modular Sourcing oder System Sourcing benötigen.
    - Festlegung, welche Teile lokal und welche global beschafft werden müssen.

  - Die unterstützenden Prozesse des Lieferantenmanagements, der Einkaufskontrolle und des Risikomanagements begleiten den Kernprozess permanent.

  - Strategiedefinition, Auswahl einer Produktgruppenstrategie anstelle einer reinen Einkaufsstrategie. Die Kernprozesse unterscheiden sich für die Einkaufsmethode und die Warengruppenstrategie.

  - Ein Rohstoff-/Materialportfolio zeigt die Bedeutung der verschiedenen Materialien für das Unternehmen in Abhängigkeit von den Beschaffungsschwierigkeiten.

  - Lieferantenmanagement installieren und in Betrieb nehmen: Entwicklung eines Stufenplans mit Vorgaben und Maßnahmen für jeden wichtigen Lieferanten.

- Nach der Klassifizierung wird der Lieferant in fünf Stufen in die Unternehmensprozesse und -abläufe integriert.

  - Das Supplier Relationship Management (SRM) muss aufgebaut und in Betrieb genommen werden.

  - Es ist unerlässlich, dass die Einkäufer einen tieferen Einblick in den Wertstrom jedes Lieferanten nehmen, um ein tieferes Verständnis der Lieferantenbedingungen zu erlangen.

Fragen und Antworten zum Projekt

Wie kann man den Warengruppeneinkauf durch Digitalisierung optimieren?

Wie kommt man von einem derzeitigen ineffektiven Handbuch zu einem digital integrierten Einkaufsprozess, um die täglichen Zeitfresser im Einkauf zu beseitigen? In Workshops, die vom Berater initiiert wurden, wurden Lösungen erarbeitet.

Gefragt war eine Digitalisierungs-Roadmap im Einkauf, beginnend mit der Standardisierung und Automatisierung von Prozessen. Dies könnte zum Beispiel geschehen durch:

- Elektronische / digitale RFQs, e-Auktionen, robotergestützte Prozessautomatisierung;
- Workflow-Systeme wie Procure2Pay (zum Beispiel www.ariba.com, www.kissflow.com/procurement/, www.sgh-asia.vn/purchase-to-pay-p2p/, www.gep.com), Source 2 Settle,
- digitales Liefer- und Vertragsmanagement, Wissensmanagement / Datenbanken und kognitive Beschaffung.

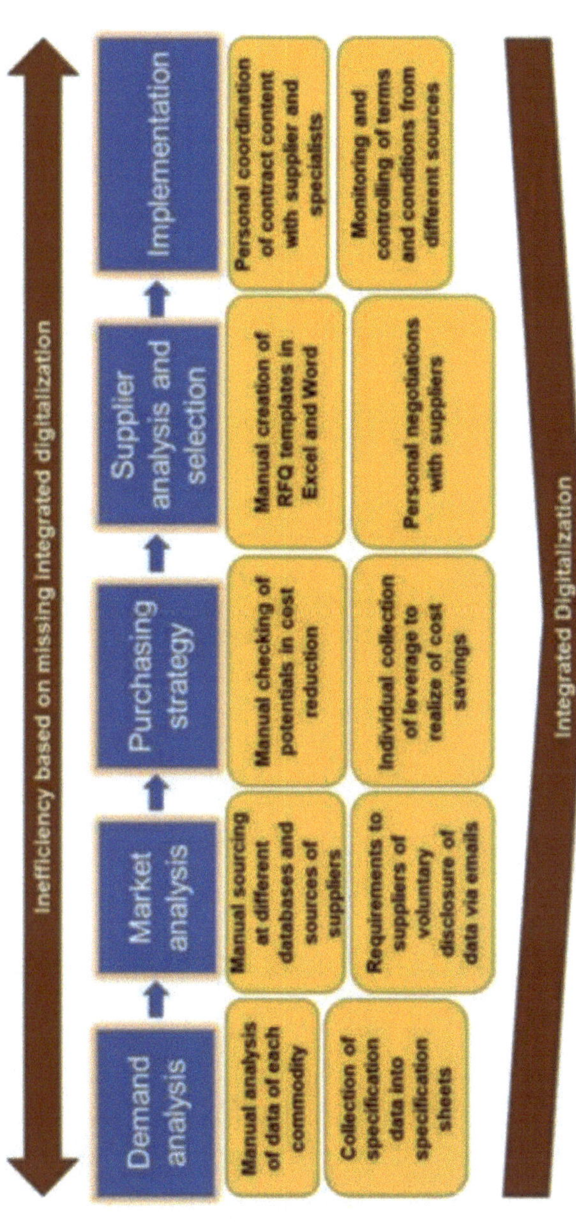

Abbildung: Ineffizienz aufgrund fehlender integrierter Digitalisierung

Potentials for optimization by digital integration

Automatic check of data quality at input of purchasing data into a system	Sourcing of potential suppliers by electronic interfaces to databases and search engines	Automatic comparison of prices, delivery quantity and total volume of suppliers with frame contracts	Automatic distribution of specifications and requirements to suppliers	Fast adjustment of next delivery
High value database by data admin and management of suppliers	Fast digital qualification of new potential suppliers based on digital upload of documents in a system	Automatic generated proposal of an optimized purchasing strategy	Systematic analysis of quoted prices	Electronic forwarding of contracts to legal department for proofreading
Automatic analysis of data by predefinition of search pattern	Systematic inquiry at current suppliers to get more favorable conditions	Adjustment and release of a strategy proposal	Automatic request to be sent to suppliers to improve their prices above average	Contract conclusion by digital identification and termination of old contract
Fast coordination of specifications with operating departments				

Abbildung: Optimierungspotenziale durch digitale Integration

Auch die Antworten auf die Frage „Was macht uns zu einem erstklassigen Einkauf?“ wurden in Workshops diskutiert

- Durch die hohe hierarchische Einbindung des Einkaufs und ein aktives internes Einkaufsmarketing übernahm der Einkauf mehr als 90 Prozent des gesamten Beschaffungsvolumens.

- Hohe Prozesseffektivität und -effizienz.

- Die Automatisierung des Bestell- und Abrechnungsprozesses in Verbindung mit der Standardisierung von Bedarfen ging weiter. Als Klassenbester schrieben wir im Durchschnitt mehr Bestellungen als die anderen Einkäufer und bewältigten ein um 30 bis 50 Prozent höheres Einkaufsvolumen. Unsere Anzahl der Artikel und Lieferanten war nur halb so hoch wie der Durchschnitt. Dadurch konnten wir die Kosten um 30 bis 50 Prozent senken.

- Die hybride Organisationsform in Verbindung mit Projekteinkauf und Warengruppenmanagement wurde installiert. Wir entschieden uns für flexible, anpassungsfähige Strukturen. Wir setzten nur noch ein Drittel unserer personellen Ressourcen für das Tagesgeschäft ein.

- Wir führten regelmäßig Lieferantenbewertungen durch. Dadurch konnte die Lieferantenbasis in kurzer Zeit optimiert werden. Wir arbeiteten nach dem Prinzip „ein Artikel, ein Lieferant“ und steuerten das Risiko durch eine gute Lieferantenbeziehung.

- Der Anteil der Einkaufskosten am Einkaufsvolumen lag im Automobilbereich unter 0,9 Prozent.

Der Vizepräsident und die Hauptgeschäftsstelle, die Direktoren und die OEM-Kunden waren mit dem Ergebnis des Beraters zufrieden, und ihre Kunden bestellten erneut. Anschließend war es wichtig, dass der neue Einkaufsleiter die gute Arbeit fortsetzte.

Vertrieb und Kunden im Mittelpunkt

Interim-Geschäftsführer für einen deutschen Tier 2-Automobilzulieferer zur Verbesserung der Vertriebsorganisation und der Kundenbeziehungen.

Kundenbesuche brachten erstaunliche Kommunikationsdefizite zu Tage. Der Fall eines einst begehrten High-Tech-Lieferanten musste gestoppt werden.

Stichworte: Vertrieb, Qualitätsmanagement, Projektleitung, Kommunikationsstrategie.

Management Summary

Das Projekt im Überblick:

- Ausgangssituation: Mangelnde Prozesstransparenz führt zu ineffizienten Abläufen und Kommunikationslücken.
- Lösungen in allen acht kritischen Punkten entwickelt und umgesetzt.
- Ausblick: Fehlende strategische Investitionen führten zu Kundenunzufriedenheit in China. Mit straffer CR kommen die Kunden zurück.

Ausgangssituation

Der Interim General Manager (IGM) – also ich – wurde für einige Monate von einer Unternehmensberatungsfirma in Suzhou eingestellt, die einen Auftrag von einem Hersteller von Komponenten für Automobile, Medizin und Textilien in Deutschland erhalten hatte. Dieser Zulieferer mit einer Produktionsstätte in Suzhou ist Marktführer in seinem Segment. Der Interim-GM sollte die Lücke zwischen dem alten und dem neuen General Manager schließen und den Betrieb weiterführen.

In der Vorbesprechung wurden Einzelheiten zu den aktuellen Problemen bekannt.

- Es fehlte an mehreren kritischen Positionen im Vertrieb, die schnellstmöglich gefunden werden mussten, damit die Verkaufszahlen nicht einbrechen. Wenn Lieferanten direkt an den Endkunden verkauften, umgingen sie das Unternehmen und seinen Vertreter als Händler.

- Außerdem beschwerten sich einige Kunden aus der Textilbranche über die schlechte Qualität der Bauteile. Sie drohten damit, zur Konkurrenz zu wechseln, wenn sie weiterhin ignoriert würden.

- Für neue Projekte mussten Maschinen angeschafft werden, deren Lieferung sich jedoch stark verzögerte. Ein Lastenheft für den Einkauf wurde nicht erstellt. Es war unklar, wie gut die Maschinen arbeiten würden.

- Das Budget für das kommende Jahr sollte genehmigt werden, aber die geschätzten Ausgaben aus China wurden als zu hoch angesehen und die Mitarbeiter konnten sie nicht erklären.

- Die Produktivität in der Produktion war niedrig, da viele Fremdarbeiter ohne Aufsicht in der Nachtschicht arbeiteten. Außerdem schalteten die Behörden den Strom ab und zu ohne große Vorwarnung ab.

- Der Einkauf wurde nicht verwaltet; die Kosten für zugekaufte Teile nicht gesenkt. Es gab keine Strategien, Lieferantenbesuche oder eine Bewertung der bestehenden Lieferanten.

- Das Verbesserungsvorschlagswesen wurde vor Jahren eingestellt und nicht wieder eingeführt. Außerdem wurden die von Beratern empfohlenen Lösungen zur Kostensenkung nicht umgesetzt.

- Der Mietvertrag mit dem Vermieter lief im nächsten Jahr aus. Das Unternehmen war darauf nicht vorbereitet.

Schritt für Schritt der Lösung näher kommen

Entwicklung und Umsetzung von Lösungen für alle acht kritischen Punktc

Die Schlüsselpositionen im Vertrieb wurden über Headhunter und Online-Suchen gefunden. Die Hauptgeschäftsstelle entschied nach Vorstellungsgesprächen. In der Zwischenzeit wurden die verbleibenden Vertriebsmitarbeiter angewiesen, sich um die Kunden der abwesenden Verkäufer zu kümmern. Lieferanten, die direkt an den Endkunden verkauften, wurden eingeladen, um die Angelegenheit zu besprechen. Der Endkunde wurde ebenfalls mit dem Vertreter besucht, und neue Aufträge wurden besprochen.

Nachdem alle Kunden angeschrieben und der neue Interim-GM vorgestellt worden war, besuchten der Verkäufer und der IGM die wichtigsten Kunden. Auf der Tagesordnung standen auch Lösungen für die Qualitätsprobleme und neue Projekte.

Im Nachhinein wurde eine Spezifikation erstellt, und der Projektleiter wurde zum Lieferanten geschickt, um die technischen Details vor der Lieferung zu besprechen. Die Durchlaufzeit musste verbessert werden.

In mehreren Besprechungen mit der Hauptgeschäftsstelle wurden die Kosten für die erforderlichen Maschinen erläutert. Veraltete, unproduktive Maschinen mit hohem Ersatzteil- und Reparaturbedarf mussten ersetzt und Investitionen für das Folgejahr genehmigt werden. Die Zahl der Mitarbeiter konnte jedoch insgesamt reduziert werden.

Für die Nachtschicht wurde ein Supervisor eingestellt, und die KPIs für Produktivität, OEE und Qualität in der Produktion wurden neu definiert. Gegebenenfalls konnte ein Dieselgenerator angemietet werden, damit die Öfen nicht auskühlten, wenn der Strom abgeschaltet wurde, und der teure Inhalt wertlos wurde.

Ein neuer Einkaufsleiter wurde ernannt und berichtete direkt an den IGM. Der IGM erklärte in wöchentlichen Coaching-Sitzungen, wie Einkaufskosten eingespart werden könnten. Die Hausaufgaben wurden besprochen und neue Aufgaben zugewiesen. Mit allen Lieferanten wurde verhandelt, und die Ergebnisse wurden festgehalten. Die ersten Einspareffekte stellten sich schon nach kurzer Zeit ein.

Bestehende Lieferanten wurden anhand von Qualität, Termintreue, Zusammenarbeit und Kosten bewertet, und es wurde eine Einstufung in gute und schlechte Lieferanten vorgenommen. Die schlechten wurden gekündigt, und ihr Einkaufsvolumen auf andere verteilt. Dadurch ergab sich ein weiteres Potenzial zur Kostensenkung.

Der IGM bat einen Berater um einen Auftrag und lud ihn zu einem Gespräch ein. Der Berater erläuterte die vorgeschlagenen Verbesserungen. Diese wurden individuell mit dem Produktionsleiter besprochen, Ideen wurden entwickelt und umgesetzt.

Das Verbesserungsvorschlagswesen wurde wieder eingeführt, die Belohnungen neu berechnet, die Mitarbeiter in den regelmäßigen Betriebsversammlungen informiert und die Ideen der prämierten Mitarbeiter vorgestellt.

Der IGM hatte mit dem Vermieter gesprochen. Sein Ziel war es, einen neuen Mietvertrag mit dem Unternehmen abzuschließen und die Mietpreise drastisch zu erhöhen. Die Produktionspreise in China würden also weiter steigen. Eine Verlagerung der Produktion sollte zumindest theoretisch geprüft werden, damit die Preisverhandlungen mit dem Vermieter im nächsten Jahr nicht scheitern würden.

Ausblick zum Projekt

Fehlende strategische Investitionen führten zu Kundenunzufriedenheit in China. Mit straffer Customer Relation (CR) kamen die Kunden zurück

Die Fortschritte wurden wöchentlich mit den einzelnen Geschäftsführern des Segments besprochen und dem Vorstandsvorsitzenden in monatlichen „Jour Fixe"-Sitzungen (an festen Tagen) vorgelegt.

Der Hauptsitz und die Entscheidungsträger waren weit weg vom China-Geschäft. Die Textilkunden hatten schon Jahre zuvor ein erhebliches Wachstum prognostiziert, aber es wurde weder in Deutschland noch in China in zusätzliche Produktionslinien investiert. Dieses Volumen fehlte, und die Kunden mussten nun mit einer Verzögerung von mehr als einem Jahr rechnen. Die Kunden würden nach und nach abwandern, um anderswo billiger, schneller und in besserer Qualität einzukaufen.

Der neue Geschäftsführer musste die Zentrale weiterhin dazu bringen, die eingekauften Teile schneller und in besserer Qualität zu liefern. Da die deutschen Preise für chinesische Kunden deutlich teurer waren als die der einheimischen Konkurrenz, war auch klar, dass die Kunden ohne weitere chinesische Produktionsstätten und gleichbleibend gute Qualität zur Konkurrenz laufen würden.

Kalkulation der Fertigung

Executive Berater für einen Tier 2-Automobilzulieferer zur Kalkulation der Fertigungsprozesskosten und Produktvarianten für den Verkauf.

Welches sind die kostengünstigsten Varianten für den Tier 1? Daraus lässt sich ableiten, welche Produkte man ihn zu welchem Preis anbieten kann.

Stichworte: Vertrieb, Kostenmanagement, Projektleitung, Argumentationstechnik, Produktstrategie.

Management Summary

Das Projekt im Überblick:

- Ausgangssituation: Mangelndes Wissen in der Kostenstrukturanalyse und den Fertigungsprozessen beim Kunden blockiert eine gewinnbringendere Produktstrategie.

- Produktkosten des Tier 1 für zwei verschiedene Fertigungsmöglichkeiten kalkuliert und mit der Geschäftsführung und Verkauf die beste Strategie zur Umsetzung gebracht.

- Ausblick: Durch die Übergabe mit Training der gesamten Kalkulation war die Firma nun in der Lage, selbstständig weitere Berechnungen durchzuführen.

Ausgangssituation

Der Executive Berater – also ich – wurde vom General Manager eines Produktionswerkes für Stanzteile in Suzhou kontaktiert.

Der Grund: Der Berater hielt mit SPECTRA (Supplier Process Evaluation and Cost Transparency) und ECOCUT (Effective Cost Cutting) zwei Trademarks auf diesem Sektor. Zudem war er Autor des Buches „Effective Cost Cutting in Asia", das 2022 erschienen ist. Dieses Buch befasste sich mit seinen praktischen modernen Methoden zur effektiven Kostensenkung in Asien und Gewinnsteigerung von Produktionsstätten.

In einem Vorgespräch wurde die Kompetenz und der Preis abgeklärt. Nach der Angebotsabgabe wurde der Berater zum Werk eingeladen, um die Aufgabenstellung zu erhalten und die weitere Vorgehensweise zu diskutieren.

Es sollten die Fertigungsprozesskosten vom Stanzen mit dem Druckgussprozess für Aluminium (ADG) verglichen werden. Es war zu beweisen, dass für den OEM die Blechfertigung preislich und qualitativ besser sei als der ADG-Prozess. Da kein Wissen über ADG im Werk vorhanden war, sollte der Berater diese Lücke schließen. Er präsentierte sein Wissen über den ADC-Prozess.

Dabei stellte sich heraus, das bisher auch kein Verkaufspreis für die Blechfertigung des Kunden (Tier 1) an den OEM kalkuliert worden war. Also wurde kurzerhand der Auftrag umformuliert: Der Verkaufspreis von Verbundblechen an den OEM sollte mit der bisherigen Einzelteilfertigung mit nachfolgendem Schweißprozess verglichen werden. Aus dem Gesamtpreisunterschied sollte dann eine Verkaufsstrategie definiert und umgesetzt werden. Bestenfalls kaufte der Tier 1 von seinem Lieferanten bereits aufs Maß gestanzte und geschweißte Verbundbleche ein, die er nur zusammenbauen und an seinen OEMs ausliefern musste.

Ganze Erfahrung im Einsatz

Da der Tier 1 dadurch seine Prozesse wesentlich vereinfachte, sollten die Preise entsprechend angehoben und somit der Gewinn gesteigert werden. Die Gesamtkosten für den Tier 1 sollten jedoch niedriger angesetzt werden als er zuvor ausgab. Ging die Rechnung auf?

Produktkosten des Tier 1 für zwei verschiedene Fertigungsmöglichkeiten kalkuliert und mit der Geschäftsführung und Verkauf die beste Strategie zur Umsetzung gebracht

Hierbei kam die ganze Erfahrung des Beraters in den Fertigungsprozessen für Stanzteile zur Geltung. Ausgehend von den einzelnen, notwendigen Fertigungsschritten und der Größe der Einzelteile wurden zuerst die Werkzeugkosten kalkuliert, und über die Lebensdauer der Werkzeuge die Kosten für das Einzelteil umgelegt.

Für die Kalkulation der Werkzeugkosten wurden folgende Kosten addiert:

- Entwurf,
- Programmierung,
- Werkzeugstruktur (mechanische Schruppbearbeitung),

- mechanische Bearbeitung von Einsätzen und Schiebern,
- Härten (Durchhärten oder Nitrieren),
- mechanische Nachbearbeitung von Einsätzen und Schiebern,
- Justage an den Maschine,
- Qualitätsabnahme (FMEA, APQP),
- EMPB (Erstmusterprüfbericht).

Schließlich erhielt der Kunde ein Ergebnis, das verglichen werden konnte. Anschließend wurden die Einkaufspreise, der Stromverbrauch und die Standfläche für die einzelnen benötigten Maschinen zusammengetragen und damit die Maschinenstundensätze kalkuliert. Für die kleinen Einzelteile ergaben sich geringe Kosten für „Heating“ und „Hot forming“ sowie „Coating“. Für die bereits geschweißten Teile und den größeren Dimensionen entstanden erheblich höhere Kosten. Doch der Schweißprozess beim Tier 1 entfiel; dies ist dagegen zu halten.

Die Gesamtkostenbetrachtung war für den Auftraggeber enttäuschend, denn der Ist-Zustand war preisgünstiger als die angedachte künftige Strategie mit Verbundblechen.

Ausblick: Durch die Übergabe mit Training der gesamten Kalkulation war die Firma nunmehr in der Lage, selbstständig weitere Berechnungen durchzuführen

Die Hausaufgabe war es demnach, den Prozess der Verbundteile zu optimieren, gegebenenfalls andere, preiswertere chinesische Maschinen einzusetzen und die Fertigungsschritte „Hot

Forming“ aufzuteilen. Diese Aufgabe sollte im Anschluss im Haus durchgeführt werden.

Dazu übergab der Berater seine Kalkulation und schulte den Vertriebsmann entsprechend in Technik und Kostenmanagement.

Mit dem General Manager wurde über weitere Möglichkeiten diskutiert, um künftig den Profit zu erhöhen.

Masterplan für sechs Monate

Nach Analyse der Ist-Struktur (erster und zweiter Monat) wurden Optimierungspotenziale identifiziert und ein PDCA-Template erstellt (dritter Monat). Der Fokus lag hierbei auf Lieferantenentwicklung, Produktion, Produktgruppen, Tools und Prozessen. Eine Roadmap und ein Zeitplan wurden mit dem Team vereinbart (vierter Monat); dieses musste für die Unterstützung und Implementierung geschult werden (vierter bis sechster Monat).

Der Berater beriet den Kunden kompetent bei der Erstellung einer Strategie zur Kostensenkung bei Einkauf, Logistik und Produktion, mit der dieser die „Low Hanging Fruits“ schnell erkennen und ernten konnte.

Was noch zu tun blieb:

Analyse der Schwachstellen entlang der Lieferkette und im Herstellungsprozess bei Tier 1.

Durch ausgewählte Mitarbeiter sollten die Bereiche indirekter und direkter Materialeinkauf, Logistik, Qualitätsmanagement, Instandhaltung, Lagerhaltung und Fertigungsprozesse analysiert werden.

Identifizierung der „Low Hanging Fruits" und Entwicklung entsprechender Verbesserungen.

Mit dem jeweiligen Projektteam wird beispielsweise die Anzahl der Transportunternehmen und Lager national und international reduziert; Betriebseinrichtungen, Werkzeugpreise und Entsorgungsverträge werden verhandelbar.

Etablierung einer SRM-Strategie für jeden Direktmateriallieferanten entsprechend seiner Leistungsbewertung.

Die Einkaufsabteilung musste die technischen und preislichen Möglichkeiten der Lieferanten bewerten und konnte daraufhin ihre Anzahl reduzieren. Durch die Erhöhung der Abnahmemengen bei den verbleibenden Lieferanten sanken die Bauteilkosten. Vorzugslieferanten wurden in der Entwicklung unterstützt und geschult. Kurzfristige Kostensenkungen und Qualitätsverbesserungen wurden beim Lieferanten eingeleitet. Mit Hilfe von Audits und Workshops beim Lieferanten wurde die Kostenstruktur des Herstellungsprozesses analysiert, dokumentiert und verbessert. Darüber hinaus galt es, Lösungen für die Ursachen von Qualitätsproblemen bei den verbleibenden Lieferanten zu finden.

Die Kostensenkungspotentiale wurden in Excel erfasst, eingeplant und die verantwortlichen Mitarbeiter für jede Position ermittelt. Benchmarks wurden anhand einer eigenen „True Cost"-Kostenkalkulation für Teile und Werkzeuge aus all ihren Produktgruppen durchgeführt. Die Ergebnisse mussten mit dem „Cost Break Down" der Lieferanten verhandelt und die Einsparungen dokumentiert werden. Für solche Verhandlungen mussten die Einkäufer in Workshops geschult werden.

Interne Einkaufsprozesse verbessern (Kernprozess und unterstützende Prozesse)

Neben der Berechnung der optimalen Bestellmenge EOQ mussten Aufgaben des Projekteinkaufs vom Serieneinkauf und des strategischen Einkaufs vom operativen Einkauf getrennt werden. Für lokales und globales Sourcing (Single-, Dual- oder Multiple-Sourcing in Kombination mit Unit-, Module- oder System-Sourcing) musste eine Warengruppenstrategie definiert und umgesetzt werden. Bewährt hat sich zudem die Bündelung der Verantwortlichkeiten der Einkäufer aus den einzelnen chinesischen Werken in einer zentralen Einkaufsabteilung in China.

Optimieren der Produktgruppen durch integrierte Digitalisierung

Auswahl und Installation von „E-Procurement", um die operative Arbeitslast zugunsten strategischer Arbeit zu verlagern. Durch die Auswahl geeigneter Kooperationspartner gelangte die Firma vom jetzigen Stand in die integrierte Digitalisierung.

Bildung eines Kernteams für ausgewählte Projekte

Die Mitarbeiter des Projektmanagementteams waren dem Vertriebsleiter unterstellt. Damit wurde sichergestellt, dass auch die Kundenanforderungen berücksichtigt werden. Durch Vorziehen der Beschaffungsaktivitäten für langlaufende Teile und Werkzeuge wurden zum Beispiel die hohen Qualitäts-, Termin- und Kostenanforderungen in den „Quality Gates" erfüllt. Eine „Teardown" Analyse zwischen Wettbewerber- und eigenen Teilen konnte die Material- und Fertigungskosten weiter senken.

Senkung der Kosten in der Fertigung

Durch die Verbesserung des OEE-Indikators ließen sich beispielsweise die Kosten für Lagerhaltung und Maschinenleerlauf reduzieren. Ein MES-System zeigte dem Management den Maschinenstundensatz und die laufenden Fehler an. Hierbei kamen die „Root Cause"-Analyse und das Verbesserungsvorschlagswesen ins Spiel. Schlanke, standardisierte Qualitätsoptimierungsprozesse und -systeme führten zu drastischen Qualitätskostensenkungen. Frühzeitige Kapazitätsplanung und Risikomanagement sorgten für weniger Überstunden und vermieden Schnellschüsse.

Management der Lieferkette

Zu erwägen ist stets die Ernennung eines SC-Managers, um ein Gleichgewicht zwischen Zeit, Kosten und Qualität herzustellen, den Prozess von der Bestellung bis zur Lieferung zu straffen und den Bullwhip-Effekt zu vermeiden. Außerdem ist es häufig ratsam, Aktivitäten mit anderen Unternehmen zu bündeln, um Kosten zu sparen.

Verkauf an westliche OEMs

Executive Berater – also ich – *für einen chinesischen Tier 1-Automobilzulieferer zur Vorbereitung des Produktverkaufs an westlichen OEMs.*

Die Fragen des Eigentümers der Firma: Ist die Qualität der Produkte ausreichend? Wie finde ich den richtigen Kontakt beim OEM, um erfolgreich im Verkauf zu werden? Wo stehe ich im Wettbewerb zu anderen Zulieferern? Wie lässt sich mein Marketing verbessern?

Stichworte: Vertrieb, Kostenmanagement, Qualität, Marketing, Produktstrategie.

Management Summary

Das Projekt im Überblick:

- Ausgangssituation: Erfolgreich mit seinem Produkt bei chinesischen OEMs, aber bisher keinen westlichen Kunden. Wie lässt sich das ändern?
- Zur besseren Verdauung den Elefanten in kleine Scheibchen zerlegen:
    - Wo stehe ich mit meinem QM-Team: Audit VDA6.3?
    - Wie finde ich den richtigen Kontakt im Einkauf des OEM? Beziehungen des Beraters sind das A und O.

  - o Wo stehen die anderen Wettbewerber? Die Produktpalette hinkt hinterher.
  - o Wer macht Marketing? Der Eigentümer hat sein Marketing im Kopf, das Organigramm ist leer.

- o Ausblick: Der Eigentümer hatte verstanden, dass das Qualitätsmanagement verbessert werden musste, bevor der Kunde zum Audit kommt. Zudem lag die Produktpalette in der Technik um Jahre zurück; damit war kein Preis zu gewinnen.

Ausgangssituation

Erfolgreich mit seinen Produkten bei chinesischen OEMs, aber bisher keinen einzigen westlichen Kunden. Wie lässt sich das ändern?

Die chinesische Firma hat sich im Automobilbau auf eine elektrische Komponente spezialisiert, die für die Serienproduktion als auch im Aftermarket verkauft wird, und damit eine unglaubliche Erfolgsgeschichte auf dem chinesischen Markt hinter sich gebracht. Dennoch reicht dem Eigentümer der bisherige Erfolg nicht aus, er wollte nach den Sternen greifen. Er möchte Lieferant der besten deutschen OEMs werden und suchte erstmals nach Rat von Beratern. Alleine mit seiner eigenen chinesischen Mannschaft war er bisher nicht weiter gekommen.

Doch Berater sind in China nicht geschätzt, weil sie als zu teuer gelten im Vergleich zu Angestelltengehältern. Also wollte der Auftraggeber so viel Wissen wie möglich in kurzer Zeit bekommen, und dafür den Preis so niedrig wie möglich setzen wollen.

Dennoch war auch hier der Kunde König und der Berater gab sein Bestes, um eventuell einen Nachfolgeauftrag zu bekommen. Schlimmstenfalls würde der Eigentümer sich die Verbesserungsvorschläge anhören, und aus Kostengründen nichts davon umsetzen.

Schritt für Schritt zum Erfolg

Mit dem Kunden hat der Berater im ersten Schritt folgende Aktionen vereinbart:

- SWOT,
- Zeitplan für die Geschäftsvorbereitung und -Geschäftsanbahnung,
- Geschäftsumfang (Produkt, Technologie) ,
- Verkaufs- und Marketingkonzept,
- Konzept zur Geschäftsentwicklung für den internationalen Markt.

Folgende Fragen waren jedoch noch offen:

- Was ist die Erwartungshaltung der Firma und des Managementteams zu den Themen Marketing, Zukunft und Zeitschiene?
- Stimmen Vision, Mission und Werte mit den westlichen Kundenanforderungen überein?
- Stimmen Organisationsstrategie und -struktur, soziale Verantwortung des Unternehmens sowie Richtlinien und

Verfahren mit den westlichen Kundenanforderungen überein?

Zur besseren Verdauung den Elefanten in kleine Scheibchen zerlegen

Der Berater hatte sich gut vorbereitet. Er präsentierte gleich nach der Ankunft im Kick-off-Meeting im Werk die Situation der elektrischen Spezialprodukte auf dem Weltmarkt und stellte Fragen, auf die er eine Antwort verlangte.

Beispielsweise: Waren die Produkte bereits für 5G-Anwendungen konzipiert oder nur für 3G oder 4G? Wie der Berater aus dem Internet entnommen hatte, war die deutsche Konkurrenz bereits mit 5G auf dem Markt und diese großen Tier 1-Firmen hatten bereits mit den deutschen OEMs Partnerschaftsverträge geschlossen. Das Mobilfunksystem der fünften Generation (5G) beinhaltet das Internet der Dinge (IoT), geringere Verzögerungen bei der Hin- und Rückfahrt der Signale und einen geringeren Energieverbrauch.

Bei der anschließenden Betriebsbesichtigung durch R&D, SMT Linie, Kabelbearbeitung, Lackierung und Zusammenbau stellte sich heraus: 4G-Anwendungen sind im Entwicklungsstadium, 5G in Planung. Die Produktpalette hinkte den Marktanforderungen also um Jahre hinterher und das Marktpotential war riesig und würde weiter zunehmen.

Es ging in diesem Projekt und geht in der Zukunft um das Internet der Dinge (IoT), ein globales Netzwerksystem, das es einer Vielzahl von physischen, mechanischen, elektrischen und elektronischen Objekten ermöglicht, sich zu verbinden und Daten zwischen Milliarden von Geräten zu übertragen.

Auf der Straße wurde und wird ein V2V-Kommunikationssystem (Vehicle-to-Vehicle) zwischen Fahrzeugen benötigt, um die Kommunikation im Straßenverkehr effektiver zu gestalten, indem die von zahlreichen Sensoren erfassten Fahrzeugdaten mithilfe des IoT in die Datenbank hochgeladen werden.

Der Berater wies darauf hin, das 5G eine entscheidende Rolle bei der effektiven Kommunikation dieser Daten mit der Kommandozentrale (V2C, Vehicle-to-Central), mit der Infrastruktur (V2I, Vehicle-to-Infrastructure) und mit anderen Fahrzeugen (V2V) auf der Straße spielt. 5G ermöglicht auch schnellere Up- und Download-Geschwindigkeiten für Infotainment.

Um die Stärken und Schwächen, die Bedrohungen und die Möglichkeiten der Firma abzuklären und zu dokumentieren, wurde ein Meeting anberaumt. Es stellte sich heraus, dass die Produktivität und das Reporting in Ordnung sind und die Kommunikation und Qualität verbesserungsbedürftig. Es wurde fleißig in Maschinen investiert, aber die Kapazitäten waren nicht ausgelastet und die Maschinen nicht gewartet. Das Material wurde rechtzeitig eingekauft, doch waren Lagerhaltung und Materialplanung zu verbessern. Die Arbeiter waren gut ausgebildet, doch Überstunden und Fluktuationen waren hoch. Geldmittel standen für Projekte zur Verfügung, doch die Außenstände und Forderungen an die Kunden lagen bedenklich hoch. Die Zahlungsmoral der chinesischen Automobilhersteller war niedrig, und der Eigentümer erhoffte sich bei westlichen Firmen eine wesentliche Verbesserung.

Strategieanalyse im Fokus

Das nächste Thema war die Strategieanalyse mit dem Engineering-Team. Es ging um Technik/Innovation, F&E-Kompetenz,

Ressourcen, Kompetenzen, Produkt- und Prozessentwicklung, eingesetzte Patente und innovative Werkstoffe.

Anschließend wurde das Qualitätsmanagementsystem auf KPIs, interne Audits, Rückverfolgbarkeit, PFMEAs (*Failure Mode and Effects Analysis*, Fehlermöglichkeits- und Einflussanalyse), Arbeitsanweisungen, MSAs, Kalibrierungsverfahren im Labor, Nichtkonformitätsverfahren, 8D-Prozess, Qualitätsregelkreis und weltweite Kundenbetreuung untersucht.

In der Lieferkette wurden Logistik, Einkaufsmanagement und Lieferantenmanagement analysiert.

In der Fertigung wurden die Kapazitäten, die Leistungen und schlankes Management geprüft, Planung, Prozess- und Produktionsmanagement, sowie die Produkt- und Prozessqualität wurden ebenfalls untersucht.

In weiteren Workshops wurden die Marktoptionen analysiert, die potentiellen Kunden definiert, das Vertriebs- und Marketingkonzept festgelegt und die daraus folgenden Meilensteine geplant, sowie ein Zeitplan für Business Readiness und Geschäftsanbahnung erstellt.

Was sind die Alleinstellungsmerkmale und die einzigartigen Verkaufsargumente? Nur dadurch ließen sich weitere westliche Kunden anlocken. Es wurde den potentiellen Kunden ein konkurrenzfähiger Preis zu geforderter Qualität und termingerechter Lieferung zugesagt. Doch das machten die Wettbewerber auch. Ein Alleinstellungsmerkmal wäre beispielsweise, dem Kunden ein nachweislich gesundes Produkt anzubieten, das bei gleicher Leistung weniger Strahlung erzeugt. Oder ein Produkt, das die Umwelt nicht schädigt. Zudem wurde und wird die Transparenz in Bezug auf die Geschäftstätigkeit (Zwangsarbeit,

Menschenhandel) immer wichtiger, da sie bereits in Gesetzen verankert ist. Die Chancen im Verkauf standen gut, denn die potentiellen Kunden wollten ein neues Produkt oder eine neue Marke ausprobieren und neue Erfahrungen machen, um sie mit anderen Marken zu vergleichen.

Der Berater stellte außerdem Fragen aus seinem VDA 6.3-Fragenkatalog, die er vorab bereits geschickt hatte, um die Antworten in seine Tabelle einzutragen. Die Auswertung zeigte auf, das in keiner Kategorie die Mindestpunktzahl erreicht wurde, also überall nachgebessert werden musste.

Mit dem Topmanagement wurde anschließend zusammen eine künftige, schlagkräftige Organisationsstruktur erarbeitet.

Im abschließenden Management Review Meeting wurden die Ergebnisse der Analyse und der Vorschläge zur Verbesserung der Produkte, Prozesse und Organisation präsentiert.

Ergebnis des Audits: Die Anforderungen und Vorschriften der westlichen Kunden wurden nur teilweise eingehalten:

- teilweise fehlende Umsetzung des Qualitätsmanagementsystems in Sachen Sicherheit, Gesundheit und Umwelt;
- Verfahren oder Prozesse sind vorhanden, aber die Umsetzung ist ineffektiv;
- Verbesserungsprogramme nicht initiiert;
- Prozess-/Betriebskontrolle wurde nicht durchgeführt.

Der Eigentümer nahm das Ergebnis sehr gelassen, denn seine brennende Frage lautete, wie er den wichtigen Kontakt zum

Einkäufer seiner westlichen potentiellen Kunden bekäme. Das war das Einzige, was zählte: Verkaufen, Umsatz.

Doch das Risiko erschien enorm hoch, wenn der Kunde käme und selbst ein Audit durchführte, sich die Antworten beweisen zu lassen wünscht, und dann zum selben Ergebnis kommt: Der Lieferant erreicht die Mindestpunktzahl nicht, um eine begehrte Lieferantennummer zu bekommen. Dann wäre der ganze Berateraufwand umsonst gewesen.

Eigenheiten eines chinesischen Eigentümers

Im Gegensatz zu den westlichen Firmen, wo die Verantwortlichkeiten von den Eigentümern delegiert werden, bündelt ein chinesischer Eigentümer in der Regel so viel Verantwortung wie möglich bei sich selbst, aus Angst, ihm könnte etwas entgehen oder andere könnten sein Wissen kopieren.

Im vorliegenden Fall gab es daher keine Marketingabteilung, denn der Eigentümer hatte seine Strategien und Gedanken im Kopf. Das Organigramm war leer. Auch der Verkauf war bei ihm gebündelt. Die Verkaufsdirektorin sollte zwar an ihn berichten, war aber ganz woanders zugeordnet und kümmerte sich um das Verkaufen eher nebenbei.

Überraschenderweise verkauften sich die Produkte an chinesische OEMs recht gut; die Beziehungsebene war über die Jahre hinweg gut gepflegt worden, so dass keine Notwendigkeit bestand, das Personal für Marketing und Verkauf entsprechend aufzustocken. Das konnte sich jedoch sehr schnell ändern, wenn die Produkte veraltet wären, und die Lebenskurven der Produkte zu Ende gehen und der Bedarf der Kunden zurückginge.

Ausblick

Diese Beratung hatte dem Eigentümer die Augen geöffnet

Der Eigentümer hatte verstanden: Das Qualitätsmanagement musste verbessert werden, bevor der Kunde zum Audit kommt. Zudem war die Produktpalette in der Technik um Jahre zurück, damit wäre kein Preis zu gewinnen. Die Firma benötigte jemanden, der sich hauptsächlich mit Prozess- und Finanz-Controlling auseinandersetzt, genauso wie jemanden, der sich um Marketing und Geschäftsentwicklung kümmert.

Den Gewinn, den der Firmeneigentümer in das Unternehmen re-investiert, musste er für die Umstrukturierung verwenden, um in der Zukunft die Firma am Leben zu erhalten. Nur mit innovativen Ideen und Produkten, die der Markt benötigt, ginge es dann wieder aufwärts. Eine Person im Marketing würde den internationalen Automobilmarkt analysieren und sagen können, was wann gebraucht wird. Die Firma unterlag dem Trugschluss, dass alles in Ordnung sei. Solange die Auftragsbücher voll waren, und kein Kunde Produkte anforderte, die weit in der Zukunft lagen, wurde nicht einmal in Engineering investiert.

Diese Beratung hatte dem Eigentümer die Augen geöffnet. Doch wieweit der Aufwand sich für ihn gelohnt hat, und was er von dem, was er gelernt hat, auch umsetzt, bleibt ungewiss.

Als Geschäftsinhaber und Entscheidungsträger in der Automobilindustrie müsste er die Zukunft vorhersagen. Als Unternehmer und verantwortlicher Manager für China und Asien hat er sich weiterhin und permanent folgende Fragen zu stellen:

- Wie optimiere ich als Zulieferer in der Automobilindustrie meine Ausgaben, um meinen Gewinn zu steigern?
- Was sind die Präferenzen meiner Kunden?
- Welche Produkte werden sie kaufen?
- Was denken und tun meine Wettbewerber?

Als Unternehmensleiter hat er die Pflicht, die Entwicklung des Kundenverhaltens und der Kundenpräferenzen vorherzusagen.

Da der Wettbewerb zunimmt und die Markttrends beeinflusst, wird das Kundenengagement in einem Labyrinth aus Digitalisierung und Internet der Dinge (IoT) wichtiger denn je.

Marken, die immer wieder mit innovativen und kreativen Lösungen aufwarten, ohne den Datenschutz oder die Datenbanken der Kunden zu gefährden, werden auch in Krisenzeiten die Nase vorn haben.

Die Ziele eines persönlichen modernen Marketingkonzepts lauten:

- Kundenorientierung, integrierter Ansatz, langfristige Perspektive, profitables Umsatzvolumen;
- Die Orientierung am Kunden bezieht sich nicht nur auf den Preis, sondern insbesondere auch auf Gesundheit, Umwelt und Transparenz hinsichtlich Geschäftstätigkeit (Zwangsarbeit, Menschenhandel);
- Der integrierte Ansatz bedeutet die koordinierte Zusammenarbeit zwischen den verschiedenen Abteilungen eines Unternehmens (Marketing, Produktion, Finanzen usw.).

Dies ist von entscheidender Bedeutung, um die Bedürfnisse der Kunden zu erfüllen.

Beispielsweise findet der Eigentümer einen Projektleiter und Teammitglieder, balanciert Arbeitsbelastung, definiert Aufgabenbeschreibung und Schnittstellen, legt KPIs mit messbaren Ergebnissen fest.

- Langfristige Perspektive: Der Aufbau langfristiger Beziehungen zu den Verbrauchern mit beständigem Service und Qualität, der sie vertrauen können, sorgt nicht nur für Gewinne, sondern bindet Kunden und sorgt für die Gewinnung neuer Kunden über einen langen Zeitraum hinweg. Dies macht ein Unternehmen zu einer vertrauenswürdigen und bekannten Marke.

  Der Berater empfiehlt: Man sollte gemeinsam mit Teammitgliedern Besuche für alte und neue Kunden über einen langen Zeitraum festlegen, um ihnen die eigenen Ideen und Ergebnisse zu präsentieren.

- Profitables Umsatzvolumen: Die Erzielung von Gewinnen über einen langen Zeitraum hinweg ist ein Indikator für den Erfolg der Marketingmaßnahmen eines Unternehmens. Ein Unternehmen möchte nicht nur den Gewinn steigern, sondern dies auch dauerhaft und langfristig tun.

  Der Berater empfiehlt (gemeinsam mit der Vertriebsabteilung) die Aufstellung einer Prognose des möglichen Umsatzes über einen längeren Zeitraum, die sich aus Gesprächen mit potenziellen Kunden ergibt.

Marketingkonzept: Produkt, Produktion, Vertrieb

Der Eigentümer entwickelt sein persönliches Marketingkonzept aus den folgenden fünf Bereichen: Produktionskonzept, Produktkonzept, Vertriebskonzept, Marketingkonzept und gesellschaftliches Marketingkonzept.

Das Produktionskonzept

Bevor die Firma dem OEM ein Produkt anbieten kann, muss sie zunächst Produkte herstellen oder produzieren. Diesem Konzept liegt die Philosophie zugrunde, dass die Kosten für die Verbraucher umso geringer sind, je häufiger etwas produziert wird.

Wenn ein Unternehmen herausfinden kann, wie es ein Produkt in einer Fabrik in großem Maßstab herstellen kann, senkt es auch die Kosten für sich selbst.

Der Berater empfiehlt: Wenn dieses Konzept in vier Worten beschrieben werden könnte, dann wäre es das: Verkaufsvolumen steigern, Kosten senken. Der Projektleiter muss die Schritte des Herstellungsprozesses herausfinden und die Kostenstruktur analysieren, zusammen mit der Forschungs- und Entwicklungs, der Herstellungs-, der Verkaufs-, der Qualitäts- und der Einkaufsabteilung. Es sind Fragen zu beantworten wie: was ist die Zykluszeit, die Materialkosten, die Herstellungskosten, der Platz, die Energiekosten, die Raumkosten, die Gemeinkosten usw.

Das Produktkonzept

Unabhängig davon, wie hochwertig ein Produkt ist, wägt der Verbraucher im Wesentlichen die Kosten, die Zugänglichkeit und die Effizienz ab, bevor er sich zum Kauf eines Produkts entscheidet.

Wenn ein Unternehmen Luxusgüter herstellt, die teuer sind, dann wird die Zahl der Verbraucher, die bereit sind, das Produkt zu kaufen, möglicherweise geringer sein, weil der Preis es zu einem Nischenprodukt macht.

Denkt die Firma jedoch an „nette Funktionen", die der Kunde brauchen könnte, die aber nicht übertechnisiert sind, dann könnte es eine sehr große Nachfrage erfahren.

Vorschlag des Beraters: Das Internet der Fahrzeuge (IoV, Internet of Vehicles) ist ein wichtiger Teil des mobilen Kommunikationssystems mit der Entwicklung des Internets der Dinge. Er schlägt ein neuartiges Multiband-Produkt vor, das alle Frequenzbänder für LTE, die Funksysteme der fünften Generation (5G), das drahtlose lokale Netzwerk und die dedizierte Kurzstreckenkommunikation abdecken kann.

Dabei wäre aus Kundensicht noch zusätzlich wichtig:

- für den Fahrer und die Insassen sind die Produkte nicht sichtbar;
- einfach zu installieren;
- klein und elegant, so dass sie das Produkt überall an fast jedem Fahrzeug anbringen können;
- Sicherheitsmerkmale:
- Smart Produkt: beispielsweise werden die Fahrzeug-zu-Fahrzeug- und die Fahrzeug-zu-Infrastruktur-Lösungen

unterstützt, die Autos werden mit ihrer Umgebung verbunden;

- super schnelles Internet, sogar in ländlichen Gebieten.

Das Verkaufskonzept

Dieses Konzept befasst sich mit dem eigentlichen Verkaufsprozess eines Produkts und betont die Wichtigkeit, so viele Produkte wie möglich zu verkaufen, unabhängig davon, ob die Bedürfnisse des Verbrauchers erfüllt werden oder die Qualität des Produkts bzw. der Dienstleistung stimmt.

Die Befolgung dieses Konzepts allein führt jedoch nicht zu langfristigen Kundenbeziehungen, Zufriedenheit oder beständigen Verkäufen eines Produkts.

Der Berater empfiehlt fünf Wege, um den Online-Verkauf von Ersatzteilen und Zubehör rasch zu steigern:

- E-Mail an alle Kunden,
- Start einer Google-Ads-Kampagne,
- Vereinfachung der Website,
- Sicherstellung, dass alle wichtigen Seiten einen „Call for Action“ aufweisen,
- Auflistung aller Produkte bei „Made in China“, Alibaba, Ebay und/oder Amazon.

Das Marketingkonzept

Das Marketingkonzept stellt den Verbraucher in den Mittelpunkt der Unternehmenstätigkeit.

Alle Beweggründe für die Entwicklung eines Produkts und einer Marketingstrategie, um potenzielle Verbraucher zu erreichen, zielen darauf ab, ihre Wünsche und Bedürfnisse zu erfüllen und ihre Zufriedenheit zu steigern.

Dies kann dazu führen, dass ein Unternehmen unter seinen Mitbewerbern bevorzugt wird, weil es die Bedürfnisse der Verbraucher in den Vordergrund stellt.

Die modernen Marketingkonzepte umfassen:

- Wissen, wer der Zielverbraucher ist;
- Lernen und Verstehen der Wünsche und Bedürfnisse des Verbrauchers durch Online-Interaktion;
- Produkte entwickeln, die den Bedürfnissen der Zielgruppe entsprechen;
- führend im Wettbewerb bei der Kundenzufriedenheit;
- Sicherstellen, dass die Bemühungen eines Unternehmens einen Gewinn für die Organisation abwerfen.

Das Gesellschaftliche Marketingkonzept

Dieses Konzept ähnelt dem Marketingkonzept, da es die Bedürfnisse des Verbrauchers in den Vordergrund stellt, fordert die Unternehmen aber zusätzlich auf, das allgemeine Wohl des Verbrauchers und der Gesellschaft als Ganzes im Auge zu behalten.

Ein Beispiel hierfür könnte sein, dass ein Unternehmen eine umweltfreundliche Art der Herstellung seiner Produkte in Erwägung zieht, um den Kohlenstoffausstoß zu verringern, die Luft gesünder zu halten und die Atembedingungen für die Verbraucher zu verbessern.

Gesellschaftliches Marketing kann die Gewinne aus dem Verkauf von Produkten steigern, indem es:

- ein Produkt so nützlich macht, dass es den Bedürfnissen der Verbraucher entspricht;
- die Konzentration auf das Wohlbefinden der Allgemeinheit legt,
- Verbesserung der Lebensqualität der Verbraucher anstrebt.

Übernahme der Kundenorientierung: Im Wesentlichen geben die Bedürfnisse der Verbraucher die Richtung vor, in der ein Unternehmen agiert. Durch Marktforschung und die Beobachtung des Verbraucherverhaltens im Internet kann ein Unternehmen die Trends auf dem Markt und den sich ständig ändernden Geschmack der Verbraucher im Auge behalten.

Formulierung von Zielen: Die Formulierung von Zielen, die als Richtschnur für die Erfüllung der Verbraucherbedürfnisse dienen, sollte für ein Unternehmen, das Gewinne erzielen oder steigern will, oberste Priorität haben. Dies bedeutet, dass das Unternehmen als Ganzes wie eine Einheit arbeiten muss, auch wenn es verschiedene Abteilungen mit unterschiedlichen Funktionen gibt, um diese Ziele zu erreichen.

Integration der Geschäftsabläufe: Nachdem die Ziele festgelegt sind, muss der Eigentümer die verschiedenen Abteilungen oder Geschäftsabläufe rationalisieren, um zusammenzuarbeiten und diese Ziele zu erreichen. Alle Abteilungen und ihre Mitarbeiter sollten sich über das Hauptziel im Klaren sein, nämlich die Zufriedenheit des OEM und der Verbraucher.

Der Eigentümer profitiert von den zehn Vorteilen seines persönlichen Marketingkonzepts für sein Unternehmen

1) **Erhöhte Beschäftigungschancen:** Wenn ein Unternehmen wächst, weil es Kunden durch professionelle Dienstleistungen gewinnt, die deren Bedürfnisse befriedigen, wird es mehr Mitarbeiter einstellen müssen, um den wachsenden Betrieb zu bewältigen.

2) **Sensibilisierung und Anerkennung des Wohlbefindens der Verbraucher und der Gesellschaft:** Wenn es den Verbrauchern gut geht, geht es auch der Gesellschaft als Ganzes gut. Ein Unternehmen kann dafür sorgen, dass dies der Fall ist, indem es den Bedürfnissen außerhalb der Dienstleistungen, die es seinen Kunden anbieten kann, Priorität einräumt und die Produktion und den Betrieb verbessert.

3) **Konzentration auf den wissenschaftlichen Denkrahmen:** Damit ein Unternehmen strategisch einen Weg finden kann, der für die Gesellschaft als Ganzes von Nutzen ist, muss es sich nicht nur auf Marktforschung, sondern auch auf wissenschaftliche Forschung stützen.

4) **Höhere Qualität der Produktion:** Wenn ein Unternehmen weiß, was der Verbraucher braucht, kann es seine Produkte im Produktionsprozess so gestalten, dass sie den

Erwartungen entsprechen, und so die Qualität seines Angebots verbessern.

5) **Der Grund für den Geschäftsbetrieb:** Was nützt es, ein Unternehmen zu betreiben und Produkte und Dienstleistungen anzubieten, wenn das Unternehmen nicht einmal weiß, was die Menschen wollen oder brauchen?

6) **Es wird ein Umfeld für einen gesunden Wettbewerb geschaffen:** Unterschiedliche Menschen wollen bzw. brauchen unterschiedliche Dinge. Dies ermöglicht es mehreren Unternehmen (unabhängig von ihrer Größe), auf demselben Markt zu florieren, indem sie auf diese verschiedenen Bedürfnisse eingehen.

7) **Erhöhung des Status der Verbraucher:** Je zufriedener ein Verbraucher mit den Produkten oder Dienstleistungen eines Unternehmens ist, desto mehr wird er kaufen. Je mehr neue Verbraucher hinzukommen und je mehr sie kaufen, desto mehr werden sie zur Zielgruppe und zur treuen Kundschaft eines Unternehmens.

8) **Rationalisierung von geschäftlichen und gesellschaftlichen Zielen:** Die Zusammenarbeit in einem Unternehmen, das versucht, seine Ziele mit den Bedürfnissen der Gesellschaft in Einklang zu bringen, führt zu mehr Zufriedenheit auf breiter Ebene.

9) **Marketing-Karriere:** Die Entwicklung wirksamer Marketingstrategien auf der Grundlage der Verbraucherwünsche ist ein sicherer Weg zu einer langen und erfolgreichen Karriere im Marketingbereich.

10) **Eine ausgleichende Kraft in der Gesellschaft:** Gute Geschäfte machen die Menschen glücklich. Je mehr Menschen glücklich sind, desto besser wird die Gesellschaft.

Vorschlag für das erste Online-Treffen mit dem potentiellen OEM-Kunden

Der Berater schlägt vor:

- Zur Vorbereitung des ersten Online-Treffens müssen wir das Unternehmensprofil aktualisieren.
- Zudem ist die Firmenpräsentation zu aktualisieren, um die folgenden Fragen der potentiellen Kunden zu beantworten:
    - Wann können wir Muster für ihre Produkte haben, die zur Form unserer Autos passen und für Fahrer und Insassen unsichtbar sind?
    - Marktanteile der derzeitigen Kunden in der Automobilindustrie in Prozent und Volumen?
    - Zeitplan für einen F&E-Experten in Europa für die Kommunikation mit unseren Experten vor Ort?
    - Zeitplan für die Einrichtung eines Werks in Europa für die Muster- und Serienproduktion?
    - Alleinstellungsmerkmale für westliche Kunden, OEMs oder Tier 1?
    - Preisliche und technische Vorteile für westliche Kunden?

Aufruf zum Handeln

Asien ist schnell! Wer schnell messbare Erfolge erzielen will, ist gut beraten, eine effiziente Vorbereitungs- und Anlaufphase einzukalkulieren, bevor es an die Umsetzung geht.

Wichtig ist dabei, sich vorab über die eigenen Ziele im Klaren zu sein. Ebenso wichtig ist es, sich einen Partner – ich empfehle einen Interim Manager – an Bord zu holen, der nicht nur einen deutschen Background besitzt, sondern sich darüber hinaus in Asien bestens auskennt – und dies auch anhand konkreter Beispiele belegen kann. Bei der Auswahl sollte man auf folgende Kriterien achten:

- 100-prozentige Loyalität gegenüber dem Kunden,
- innovatives Denken und schnelles Handeln,
- 24/7-Hochleistungskultur,
- strukturierter Ansatz, Berichterstattung und Koordination,
- effektive Kostensenkungsmethodik,
- Fähigkeit zum Aufbau einer lernenden Organisation,
- jahrelange multikulturelle Erfahrung in Ost und West,
- engmaschige Kommunikation und proaktive Motivation,
- Erfahrung in Sachen Projektmanagement, Verhandlungstechnik und Kontrolle.

Der Herausgeber

Dr. Harald Schönfeld, Diplom-Volkswirt, Universität Trier. Post-Graduate Zusatzstudium zum Thema „Innovationsmanagement“, Technische Universität Berlin. Promotion in Wirtschafts- und Sozialwissenschaften (Dr. rer. soc. oec.), Wirtschaftsuniversität Wien.

Nach dem Studium Karriere als angestellter Manager: Positionen im Marketing und Vertrieb, vor allem in großen, international tätigen Konzernen, insbesondere im Health Care-Bereich.

Der Herausgeber Dr. Harald Schönfeld gilt als langjährige Insider und gut vernetzte Szene-Kenner im Markt für Interim Management der DACH-Region (Deutschland, Österreich, Schweiz). Er verfügt über rund 20 Jahre Erfahrung im Interim-Geschäft. Er war mehrere Jahre Vorstandsmitglied des AIMP (Arbeitskreis Interim Management Provider (www.aimp.de/), ist Buchautor, Moderator und gesuchter Redner bei Fachtagungen und Schulungen zum Thema Interim Management.

Dr. Harald Schönfeld ist gemeinsam mit Jürgen Becker Gründer (2017) und Geschäftsführer der United Interim GmbH (www.unitedinterim.com/), der führenden Online-Plattform für Interim Management in der DACH-Region.

United Interim ist der einzige Anbieter im Interim-Business mit Services für Unternehmen, Interim Manager, Interim-Provider sowie ausgewählte Drittanbieter, die Leistungen für Interim

Manager anbieten. Als Business-Ökosystem hebt diese digitale „4-sided-platform“ in offener und nicht proprietärer Weise bislang ungenutzte Synergien im Markt.

Dr. Harald Schönfeld hält Vorträge, unter anderem als Keynote-Speaker, leitet Fachkonferenzen und ist Autor und Herausgeber mehrerer Fachbücher im Bereich Interim Management, unter anderem des Standardwerkes „Karriere-Handbuch für Interim Manager “ (zusammen mit Prof. Dr. Günther Singer und Jürgen Becker).

Ebenfalls ist er Herausgeber (teilweise zusammen mit Jürgen Becker) der Fachbuchreihe „Von Interim Managern lernen“. Er ist aktives Mitglied und Autor im globalen Think Tank Diplomatic Council (DC) mit Beraterstatus bei den Vereinten Nationen (UNO). Seit 2022 ist er Dozent für Interim Management an der Steinbeis Augsburg Business School.

Der Autor

Karlheinz Zuerl ist CEO sowie Gründer und Eigentümer der GTEC German Technology & Engineering Corporation China/Asien.

Interim General Management Provider für die chinesische Industrie.

Geschäftsentwicklung, Marketing & Vertrieb.

Technik, Fertigung und Lieferkette.

Profit Growth Academy.

Autor und Verleger.

Der gebürtige Deutsche Karlheinz Zuerl war als Manager in zahlreichen internationalen Projekten bei namhaften Originalherstellern in Europa, Amerika und Asien tätig. Seit über 20 Jahren arbeitet er als Berater, Coach und Unterstützer von Unternehmen in den Bereichen Qualitätssicherung, Einkauf und Verhandlungsführung in Asien, hauptsächlich in den Bereichen Automobil, Maschinenbau, Elektrik und Elektronik.

Seine fachliche Expertise in Japan, Korea, China, Malaysia, Vietnam und Indien und sein Eintauchen in die asiatische Kultur und das chinesische Lebensgefühl machen seine Stärke aus. Seit 2005 war er als General Manager in China tätig, wo er enorme Erfahrungen und ausgezeichnete Kenntnisse in den Bereichen Recht, Personalwesen und Compliance sammeln konnte.

Seit 1999 hat Karlheinz zahlreiche Vorträge gehalten und erfolgreich Bücher, Hörbücher und E-Books in deutscher und englischer Sprache veröffentlicht.

Experte für die Geschäftsentwicklung in China

Karlheinz Zuerl ist ein Experte für die Geschäftsentwicklung in China. Ein Schwerpunkt ist die Senkung der Geschäftskosten – von der Lieferkette über Einkauf und Lieferantenentwicklung bis hin zu Wartung und Logistik. Aufgrund seiner umfangreichen Erfahrung mit internationalen OEMs (BMW, GM) und Zulieferern ist der Interim Manager auch Experte für schlanke und kostengünstige Produktion. Abgerundet wird sein Portfolio durch umfangreiches Vertriebs-Know-how und tiefgreifende Kenntnisse des chinesischen Marktes und der landestypischen interkulturellen Herausforderungen. Mit dieser Kombination von Fähigkeiten ist der Interim Manager die ideale Wahl, um finanziell angeschlagene Unternehmen wieder auf die Erfolgsspur zu bringen und nachhaltiges Wachstum zu schaffen. Der Interim Manager findet und nutzt die Chancen, die der chinesische und asiatische Markt bietet.

Karlheinz Zuerl kann auf 40 Jahre Erfahrung in der Automobilindustrie zurückblicken. Seine Mandate reichen vom klassischen General Management bis zur Unternehmensberatung für Transformationen in der Supply Chain und im Qualitätsmanagement. Seit 2013 ist er als General Manager und Berater in der Automobilindustrie, dem Maschinenbau und der Elektrik und Elektronik engagiert.

In den letzten Jahren hat Karlheinz Zuerl beispielsweise bei der chinesischen Tochtergesellschaft eines OEM die Elektromotorenproduktion auf Lean Manufacturing umgestellt, ein MES-

System und eine Instandhaltungsabteilung eingeführt und die Supply Chain aufgebaut - und damit das Betriebsergebnis um 300 Tausend USD/Monat verbessert. Als Interims-Einkaufsleiter reorganisierte er den Nicht-Produktionsbereich für einen Tier 1-Zulieferer und modernisierte den Logistikbereich. In einem weiteren Mandat gelang es ihm als General Manager, innerhalb kürzester Zeit das Vertriebsteam neu aufzubauen und wichtige Großaufträge zu generieren, wodurch das zuvor angeschlagene Unternehmen wieder Fahrt aufnehmen konnte.

Karlheinz Zuerl verfügt über umfassende TPS/TMS-Methodenkenntnisse und ist sehr erfahren im Lieferantenmanagement. Darüber hinaus kann er seine Vertriebskompetenz und sein Verhandlungsgeschick erfolgreich unter Beweis stellen.

Neben der Methodensicherheit und der Vielfalt entlang der Wertschöpfungskette zeichnet sich der Interim Manager vor allem durch seine Führungsqualitäten aus. Mit hoher interkultureller Kompetenz und authentischer Führung auf Augenhöhe gelingt es ihm, die ihm anvertrauten Teams zu motivieren. Besonderen Wert legt er darauf, Teams und Führungskräfte als Coach und Mentor auf die Zeit nach dem Mandat vorzubereiten. Karlheinz Zuerl investiert jeden Tag in kontinuierliches Lernen – und gibt dieses Wissen an die Teams seiner Kunden weiter. Auf diese Weise sichert er den langfristigen Erfolg seiner Mandate.

Projektberichte 2014 bis 2022

Auszugsweiser Überblick über Projekte und ihre Ergebnisse des Experten für Kostenmanagement und Geschäftsentwicklung in China und Asien.

Besondere Bereiche

- Wachstum und Geschäftsentwicklung in China und Asien (KMU der Automobilindustrie).
- Kostensenkung in Einkauf, Lieferkette, Logistik und Produktion.
- Vertrieb: Aufbau von schlagkräftigen Teams und Strukturen.

Industriezweige

Automobilindustrie (OEM, Tier 1), Elektrofahrzeuge, Elektrik/Elektronik, Umwelttechnik, CNC-Fertigung, Metallschmelz- und Gießsysteme, Hartmetallschneidstoffe, Textilindustrie (Keramikteile).

Stationen

Siemens, BMW, General Motors, Valeo, Bosch, Schaeffler, Hella, Siloking, Zapi, RVT, Siebenburg, IIC, Atreus, Korn Consult, Gonvvama.

Qualifikationen

Maschinenbau- und Wirtschaftsingenieur, Werkzeugmacher, Auditor VDA 6.3/TS 16949/ ISO 9001, Chin. EHS, Perfect ProCalc (Produktkalkulation), Perfect CalCard (Werkzeugkalkulation), SAP (FI, CO & MM), Kingdee, MES/Andon, CAD (CATIA, UG, AUTOCAD). Fremdsprachen: Englisch, Chinesisch, Spanisch, Französisch.

Mitgliedschaften

- BME - Bundesverband Materialwirtschaft, Einkauf und Logistik e.V.
- DDIM - Dachgesellschaft Deutsches Interim Management e.V.
- Diplomatic Council (United Nations Consultative Status)
- GCC (German Chamber of Commerce AHK, Shanghai)
- Suzhou Rotary Club International
- United Interim GmbH (www.unitedinterim.com).

Autorenschaften

- Successful Interim Management Project Reports and their Results, GTEC Verlag, E-Book (pdf) ISBN 978-3-939366-72-0 (Englische Ausgabe).
- Effektive Kostensenkung in Asien, Verlag Springer Nature (www.springer.com/cn/book/9783030827816) (Englische Ausgabe).
- Einer, der auszog, um reich zu werden: Band 1: „Die Kaiserin von Suzhou" Kindle Edition, Verlag GTEC, (www.amazon.com/One-Who-Moved-Out-Rich-e-book/dp/B083R5L1Z5; Deutsche und Englische Ausgabe
- Reihe „Erfolgreich in China“ 2: China Business – die 50 besten Marktlücken, Kindle Edition, Verlag GTEC,

(www.amazon.com/dp/B00LUZ-LAGC/ref=rdr kindle ext tmb, Deutsche Ausgabe)

- Reihe „Erfolgreich in China“ 1: China Business - aktuell und kompakt: Komprimiertes Wissen für China-Reisende, Herausgeber GTEC, (www.amazon.com/dp/B00I124K6Y, Deutsche Ausgabe)

- Modernes Wirtschaftsenglisch für Wirtschaftsingenieure: Kommunikation, Verhandlungsführung und 45 Seiten Übungen. Publisher GTEC, (www.amazon.com/dp/B00M1XU5EA, Englisch / Deutsch)

- Modernes Englischtraining für Ingenieure. 47 zukunftsorientierte Einsatzgebiete der Computertechnologien in der Industrie), Publisher GTEC, (www.amazon.com/dp/B00M1XFBNA, Englisch / Deutsch)

- Der Mythos Magnesium in der Automobilindustrie: Kurz und bündig, Praktisches Englisch für Ingenieure, Herausgeber GTEC, (www.amazon.com/dp/B00LZ6GL6A, Englisch / Deutsch)

- Modernes Englisch für die Automobilindustrie, Praktisches Englisch für Ingenieure), Kindle Edition, Herausgeber GTEC, www.amazon.com/English-Automotive-Industry-Practical-Engineers-ebook/dp/ B00M4GI7U8 (Englische Ausgabe)

- Erfolgreich in China: Ein Reisebuch für Manager, Publisher Springer Nature, www.amazon.com/Erfolgreich-China-Reisebuch-Manager-German/dp/3540658785 (Deutsche Ausgabe)

- Weitere seiner Bücher aus dem GTEC-Verlag sind im PDF-Format downloadbar unter https://www.gtec-shop.de/.

- Weitere Veröffentlichungen unter

  - https://www.linkedin.com/in/karlheinz-zuerl-04859b2b/

  - https://www.linkedin.com/company/gtec-german-technology-&-engineering-cooperation-/

  - https://www.unitedinterim.com/suche.html?searchword=karlheinz%20zuerl&searchphrase=all

  - https://www.deutscheinterim.com/interim-ceo/expertenberatung/spezialist-fuer-business-development-asien

Kontakt

China: Chunshenhu Lu 465, 215131 Suzhou
Deutschland: Berggasse 4, 96277 Schneckenlohe
Hongkong:: Kowloon, 9 Mi Dun Dao. Building 2, 15/1508
Indien: Kacharakanahalli 176, 560043 Bangalore, Karnataka
Malaysia: 11900 Bayan Lepas, Penang
Vietnam: Deutsches Haus, Le Duan Boulevard, Ho Chi Minh City
Thailand: Soi Bangna Trat 25, Bangna, Bangkok 10260

Mobile + 86 13482438080
E-Mail: contact@gtec.asia
Web: https://gtec.asia

Über den nachfolgenden QR-Code kann man direkt einen Online-Termin mit dem Autor und Interim Manager Karlheinz Zuerl vereinbaren:

Persönlichkeitsanalyse Karlheinz Zuerl

Wie ist er als Persönlichkeit und wie können Sie ihn einschätzen, ohne ihn persönlich getroffen zu haben? (Basierend auf dem wissenschaftlich anerkannten Personality Code Breaker B.A.N.K. Testergebnis 2022 mit AI Software).

Menschen wie er sind vor allem verantwortungsbewusst, zuverlässig und detailorientiert. Sie haben eine sehr hohe Lebensfreude.

Menschen wie er führen typischerweise hochprofitable, wettbewerbsfähige Unternehmen, indem sie sich auf bewährte Systeme, Budgets und Zeitpläne stützen. Sie führen in der Regel mit klar definierten Zielen und einem Plan, um große Gewinne zu erzielen.

Er erkennt schnell Gelegenheiten und reagiert auf der Grundlage von Kennzahlen und vorhersehbaren Ergebnissen. Da er sich im Allgemeinen an Leitlinien und Verfahren hält, setzt er auf Strategien, die nicht gegen die Regeln verstoßen.

Seine Persönlichkeit hat den größten Einfluss auf die Entscheidungsfindung seiner potenziellen Kunden, da er sehr ethisch, engagiert und gut vorbereitet ist.

Sie können sich auf ihn verlassen. Die Arbeit wird immer nach Plan und Vorgaben ausgeführt. Er ist verantwortungsbewusst und detailorientiert. Sie können ihm problemlos die Planung einer Veranstaltung oder eines Meetings anvertrauen. Die Umsetzung ist garantiert effizient und entspricht den Erwartungen. Er respektiert die Tradition und bevorzugt Systeme und Methoden, die sich in der Praxis bewährt haben. Typen wie er haben hohe ethische Standards und respektieren im Allgemeinen Regeln und Autoritäten, was sie zu den vertrauenswürdigsten Menschen auf dem Markt macht.

Darüber hinaus hat er keine Angst, Risiken einzugehen. Er ist immer auf der Suche nach neuen Wegen, um den Status quo in Frage zu stellen.

Er konzentriert sich auch auf längerfristige Strategien und ist eine Quelle des Wissens, was bedeutet, dass er nie aufhört, neue Dinge zu lernen.

Es macht ihm Spaß, das Beste aus den Menschen herauszuholen und den Gemeinschaftssinn zu fördern. Typen wie er sind diplomatisch und harmonisch, was sie zu sehr guten Erziehern, Motivatoren, Mentoren und Beratern macht. Er ist außerdem warmherzig, freundlich und aufrichtig. Ein Mensch, mit dem man sich gerne umgibt.

Er ist einfühlsam, authentisch und potenzialorientiert. Er ist kontaktfreudig und liebt es, Menschen zu unterstützen und sie zu coachen, damit sie immer ihr Bestes geben. Typen wie er bringen gerne das Beste in anderen hervor und fördern das Gemeinschaftsgefühl. Sie suchen immer nach einem tieferen Sinn in dem, was sie tun, und sind auf der Suche nach authentischen Verbindungen.

Bücher im DC Verlag

Besondere Empfehlung für alle Interim Manager

Karriere-Handbuch fürInterim Manager – Ein systematischer Leitfaden zum Erfolg als Freelancer im Management, Jürgen Becker, Dr. Harald Schönfeld, Prof. Dr. Günther Singer, 448 Seiten, Hardcover, ISBN 978-3-98674-042-9

Fachbücher „Von Interim Managern lernen"

Das Diplomatic Council (DC) veröffentlicht gemeinsam mit United Interim (UI) die Fachbuchreihe „Von Interim Managern lernen" mit dem UI-Gründer und Geschäftsführer Dr. Harald Schönfeld als Herausgeber. Die Buchreihe wird kontinuierlich um neue Themen erweitert. Bislang sind folgende Bücher erschienen:

Interim Manager berichten aus der Praxis: Automotive, Reihe „Von Interim Managern lernen", Jürgen Becker, Ulf Camehn, Ludek Cermak, Hanno Goffin, Ralf-Peter Hanrieder, Dr. Dr. Stefan Hohberger, Andreas Kälber, Dr. Gerhard Müller-Spanka, Frank P. Neuhaus, Christine Pfisterer, Christian Ritzer, Dr. Harald Schönfeld, Jane Enny van Lambalgen, 404 Seiten, Paperback, ISBN 978-3-947818-29-7

Interim Manager berichten aus der Praxis: Maschinen- und Anlagenbau, Reihe „Von Interim Managern lernen", Jürgen Becker, Eckhart Hilgenstock, Falk Janotta, Peter Lüthi, Hans-Rolf Niehues, Manfred Richter, Dr. Harald Schönfeld, Dr. Uwe Seidel, Götz Stapelfeldt, Michael Weimar, 312 Seiten, Paperback, ISBN 978-3-947818-75-4

Interim Manager berichten aus der Praxis: Business Transformation, Reihe „Von Interim Managern lernen“, Dr. Bodo Antonić, Jürgen Becker, Udo Fichtner, Rudi Grebner, Michael Gutowski, Lothar Hiese, Eckhart Hilgenstock, Falk Janotta, Kirsten Klomfass, Stefan Löffler, Susanne Möcks-Carone, Manfred Richter, Dr. Harald Schönfeld, Rolf Marcus Schuss, Rainer Simko, Dr. Detlef Weber, 512 Seiten, Paperback, ISBN 978-3-98674-009-2

Marketing- und Sales-Intelligenz im Maschinen- und Anlagenbau, Eckhart Hilgenstock, 76 Seiten, Paperback, ISBN 978-3-98674-020-7

Technischer Einkauf im Maschinen- und Anlagenbau, Manfred Richter, 84 Seiten, Paperback, ISBN 978-3-98674-018-4

Verhandlungen in der Automobilindustrie, Hanno Goffin, Andreas Jüstel, 216 Seiten, Paperback, ISBN 978-3-98674-036-8

Management in China – Geschäftsentwicklung, Restrukturierung, Einkauf, Vertrieb, Fertigung, Logistik, Standortwahl, Qualitätsmanagement, Karlheinz Zuerl, 180 Seiten, Paperback, ISBN 978-3-98674-063-4

Darüber hinaus sind im Verlag des Diplomatic Council die auf den folgenden Seiten aufgeführten Sachbücher erschienen. Der Verlag ist neuen Autoren gegenüber aufgeschlossen.

Sachbücher

Denken 4.0 – Welt im Umbruch. Was die klügsten Köpfe eines globalen Think Tank über unsere Zukunft denken. Buddhi K. Athauda, Thi Thai Hang Nguyen, Andreas M. Dripke, 332 Seiten, Hardcover, ISBN: 978-3-947818-00-6

Mein Atomknopf ist größer – America vs. North Korea, Jamal Qaiser, 184 Seiten, Paperback, ISBN: 978-3-947818-01-3

Stasi 2.0 – Wie wir durch den staatlich-industriellen Digitalkomplex zu gläsernen Bürgern werden und was das für unsere Zukunft bedeutet, Andreas Dripke, Markus Miksch, 444 Seiten, Paperback, ISBN: 978-3-947818-05-1

Rechtsruck – Wie das Wiedererstarken des Nationalismus Deutschland in die Katastrophe führt, Anonyme Autoren, 660 Seiten, Paperback, ISBN: 978-3-947818-06-8

Pandemie – Die Welt im Corona-Krieg, Andreas Dripke, Markus Miksch, 148 Seiten, Paperback, ISBN: 978-3-947818-13-6

Covid-19 Falsche Pandemie – Die fatalen Fehler der WHO und ihre verhängnisvollen Folgen, Jamal Qaiser, Markus Miksch, 234 Seiten, Paperback, ISBN: 978-3-947818-15-0

75 Jahre UNO – Macht und Ohnmacht der Vereinten Nationen, Andreas Dripke, Hang Nguyen, 336 Seiten, Paperback, ISBN: 978-3-947818-07-5

Die Dekade 2020-2030 – Das kommt auf uns zu!, Andreas Dripke, Hang Nguyen, 360 Seiten, Paperback, ISBN: 978-3-947818-17-4

Corona und Impfen, Andreas Dripke et al., 188 Seiten, Paperback, ISBN 978-3-947818-18-1

Hacker – Angriff auf unsere Computer-Zivilisation, Anonyme Autoren, 432 Seiten, ISBN 978-3-947818-23-5

Migration nach Europa – Wir schaffen das und die Folgen, Anonyme Autoren, 510 Seiten, Paperback, ISBN 978-3-947818-32-7

Auto – Vom Diesel-Desaster bis zum selbstfahrenden E-Auto, Autorengemeinschaft Diplomatic Council, 572 Seiten, Paperback, ISBN 978-3-947818-09-9

Digitale Disruption – Alles wird anders, Andreas Dripke et al., 216 Seiten, Paperback, ISBN 978-3-947818-34-1

Alles über Künstliche Intelligenz – Woher sie kommt, wie sie denkt, wohin sie führt, Dr. Horst Walther, Andreas Dripke, 212 Seiten, Paperback, ISBN 978-3-947818-25-9

Die biometrische Vermessung der Menschheit, Andreas Dripke et al., 212 Seiten, Paperback, ISBN 978-3-947818-39-6

Inside WHO – Dr. Tedros und die Weltgesundheitsorganisation, Andreas Dripke et al., 124 Seiten, Paperback, ISBN 978-3-947818-27-3

Welt ohne Bargeld – Bitcoin und andere Kryptowährungen, Andreas Dripke, Stephanie Stoerk, 178 Seiten, Paperback, ISBN 978-3-947818-41-9

Apple Car – Wie der iKonzern das Auto neu erfindet, Andreas Dripke et al., 296 Seiten, Paperback, ISBN 978-3-94-7818-43-3

Europa am Scheideweg – Was Europa tun muss, um seine Zukunft zu retten, Andreas Dripke, Hang Nguyen, Dr. Horst Walther, Paperback, ISBN 978-3-947818-65-5

Hilfe, wir werden gechippt! – Vom Mikrochip unter der Haut bis zum Hirnschrittmacher, Andreas Dripke et al., 176 Seiten, Paperback, ISBN 978-3-947818-55 -6

Cyber War – Die digitale Bedrohung, Marc Ruberg et al., 244 Seiten, Paperback, ISBN 978-3-947818-45-7

Denken 5.0 – Was die klügsten Köpfe eines globalen Think Tank über unsere Zukunft denken; Andreas Dripke, Claude Piel, Detlef Schmuck, Dr. Harald Schönfeld, Helmut von Siedmogrodzki, Stephanie Stoerk, Dr. Horst Walther; 292 Seiten, Paperback, ISBN 978-3-94-7818-36-5

Digitale Identität, Andreas Dripke et al., 164 Seiten, Paperback, ISBN 978-3-947818-53-2

2045 – Das Jahr, in dem die Künstliche Intelligenz schlauer wird als der Mensch, Dr. Horst Walther, Andreas Dripke, 106 Seiten, Paperback, ISBN 978-3-947818-57-0

Ewige Pandemie – Freiheit ade, Andreas Dripke, Markus Miksch, 208 Seiten, Paperback, ISBN 978-3-947818-59-4

Apple Agenda – Welche Märkte der iKonzern künftig revolutionieren wird, Andreas Dripke et al., 260 Seiten, Paperback, ISBN 978-3-947818-47-1

Der digitale Euro – Computergeld statt Bares, Andreas Dripke, Stephanie Stoerk, 232 Seiten, Paperback, ISBN 978-3-947818-53-2

Auto ohne Lenkrad – Das selbstfahrende Auto steht vor der Tür, Patrick Dripke, Thomas Gronenthal, 140 Seiten, Paperback, ISBN 978-3-947818-79-2

Roboter im Alltag – Maschinen (beinahe) wie Menschen, Andreas Dripke, 176 Seiten, Paperback, ISBN 978-3-947818-71-6

Irrfahrt E-Auto – Abgesang auf die deutsche Autoindustrie, Thomas Gronenthal et al., 212 Seiten, Paperback, ISBN 978-3-947818-81-5

Was nach dem Smartphone kommt – Eine Reise in unsere digitale Zukunft, Andreas Dripke et al., 152 Seiten, Paperback, ISBN 978-3-947818-69-3

Das Diesel-Desaster – Die Geschichte des größten deutschen Industrieskandals, Thomas Gronenthal et al., 340 Seiten, Paperback, ISBN 978-3-947818-83-9

Der Dritte Weltkrieg – Das Undenkbare denken, Hang Nguyen, Jamal Qaiser, 268 Seiten, Paperback, ISBN 978-3-947818-67-9

Metaverse – Was es ist, wie es funktioniert, wann es kommt, Andreas Dripke, Marc Ruberg, Detlef Schmuck, 256 Seiten, Paperback, ISBN 978-3-947818-87-7

Klimakatastrophe – Wahn oder Wirklichkeit, Hang Nguyen et al., 184 Seiten, Paperback, ISBN 978-3-947818-49-5

Die Rückkehr der Kernkraft – Warum Atomenergie unsere Zukunft darstellt, Andreas Dripke, Hang Nguyen, Marc Ruberg, 204 Seiten, Paperback, ISBN 978-3-947818-95-2

Alles über Krypto – NFT, Blockchain, Bitcoin & Co, Andreas Dripke, Stephanie Stoerk, 160 Seiten, Paperback, ISBN 978-3-98674-007-8

Computer wie Götter – Die Rechenknechte übernehmen die Herrschaft, Andreas Dripke, Hang Nguyen, 148 Seiten, Paperback, ISBN 978-3-98674-005-4

Das Versagen des Westens in Afghanistan, Syrien und der Ukraine, Hang Nguyen, Jamal Qaiser, 148 Seiten, Paperback, ISBN 978-3-947818-97-6

China versus USA – Kampf um die Vorherrschaft, Dr. Horst Walther et al., 280 Seiten, Paperback, ISBN 978-3-947818-63-1

Krieg in Europa – Unser schlimmster Albtraum, Andreas Dripke, Hang Nguyen, Jamal Qaiser, Dr. Horst Walther, 260 Seiten, Paperback, ISBN 978-3-98674-026-9

Kampf ums Wasser – Die Herausforderung des 21. Jahrhunderts, Claude Piel, 380 Seiten, Paperback, ISBN 978-3-98674-024-5

Die Entwicklung des Internet von den Anfängen bis zum Metaverse – Die Genesis und Zukunft unserer Informationsgesellschaft, Andreas Dripke, 136 Seiten, Paperback, ISBN 978-3-98674-040-5

Das Internet der Dinge – Die Vernetzung umschlingt uns, Andreas Dripke et al., 132 Seiten, Paperback, ISBN 978-3-947818-99-0

Die Rückkehr der Kernkraft – Warum Atomenergie unsere Zukunft ist, Andreas Dripke, Hang Nguyen, Marc Ruberg, 204 Seiten, Paperback, ISBN 978-3-947818-95-2

Spion im Smartphone – Wie unser Alltags-Begleiter zur Falle wird, Marc Ruberg et al., 208 Seiten, Paperback, ISBN 978-3-947818-85-3

Kampf ums All – Wie Jeff Bezos, Richard Branson und Elon Musk den Weltraum erobern, und die Rolle der NASA, der ESA, Russlands und Chinas, Andreas Dripke, 260 Seiten, Paperback, ISBN 978-3-98674-014-6

Asyl – Flucht ins Paradies, Hang Nguyen, 220 Seiten, Paperback, ISBN 978-3-98674-012-2

Wenn sich China und Russland verbünden... – Die Herausforderung der Freien Welt, Andreas Dripke, Hang Nguyen, Jamal Qaiser, 260 Seiten, Paperback, ISBN 978-3-98674-016-0

Widerstand gegen die digitale Überwachung – Wofür Julian Assange und Edward Snowden kämpften, Marc Ruberg, Detlef Schmuck, 220 Seiten, Paperback, ISBN 978-3-947818-93-8

Der Wahn mit der Bürokratie – Wie Bürokratismus unsere Gesellschaft zerstört, Andreas Dripke, Hubert Nowatzki, 260 Seiten, Paperback, ISBN 978-3-94-7818-89-1

Die digitale Zivilisation – Die Genesis und Zukunft unserer Informationsgesellschaft, Andreas Dripke, Harald A. Summa, 232 Seiten, Paperback, ISBN 978-3-98674-044-3

Über Diplomatic Council

Das vorliegende Werk ist im Verlag des Diplomatic Council (DC) erschienen: DC Publishing.

Das Diplomatic Council verknüpft einen globalen Think Tank, ein weltweites Business Network und eine Charity Foundation in einer einzigartigen Organisation mit Beraterstatus bei den Vereinten Nationen. Der Autor und der Herausgeber des vorliegenden Buches sind hochgeschätzte Mitglieder im Diplomatic Council.

Alle Mitglieder vereint die Überzeugung, dass Wirtschaftsdiplomatie ein tragendes Fundament für die internationale Völkerverständigung und den friedlichen Umgang der Nationen darstellt. Aus dieser Erkenntnis heraus überträgt das Diplomatic Council das Ziel der globalen Völkerverständigung in ein ökonomisches Mandat. Die Methodik eines weltweiten Wirtschaftsnetzwerkes wird mit der diplomatischen Kommunikationsebene der Staaten dieser Erde untereinander verknüpft.

Vor diesem Hintergrund sind im Diplomatic Council Persönlichkeiten aus Diplomatie, Wirtschaft und Gesellschaft engagiert, die mit Augenmaß ausgewählt werden und die sich durch eine hohe Akzeptanz, eine hohe Kompetenz und ein mit den Grundpfeilern des Diplomatic Council übereinstimmendes Wertesystem auszeichnen. Ebenso sind Unternehmen willkommen, für die Corporate Social Responsibility weit mehr als nur ein Schlagwort ist.

Weitere Informationen: www.diplomatic-council.org/application

Über United Interim

United Interim (UI) ist das erste digitale Ökosystem im professionellen Interim Management der DACH-Region (Deutschland, Österreich, Schweiz). Für das Diplomatic Council ist United Interim daher der ideale Partner für die Fachbuchreihe „Von Interim Managern lernen“.

United Interim bringt alle am Interim-Business beteiligten Parteien auf einer Online-Plattform zusammen: jederzeit, offen, direkt und provisionsfrei. Unternehmen, die einen Interim Manager bzw. eine Interim Managerin suchen, können kostenfrei qualitätsgesicherte Kandidaten über die Plattform finden, kontaktieren – und direkt mit ihnen Projektverträge abschließen. Kein Vermittler steht dazwischen.

Für Interim Manager ist die Nutzung von United Interim der Goldstandard in der digitalen Selbstvermarktung. Die offene Plattform bringt ihnen Sichtbarkeit und Relevanz – präzise bei den Zielgruppen. Ihre Dienstleistung können sie auf professionelle Weise jederzeit anbieten und ihren CV, ihr Video, Ergebnisse eines Diagnostic Tools zur Persönlichkeit, Case-Studies und Kundenreferenzen sowie Fachbeiträge über ein Blog zur Verfügung stellen. Für die Nutzung der Infrastruktur von United Interim zahlen die Interim Manager eine monatliche Flatrate.

Provider und Vermittler sowie Kapitalbeteiligungsgesellschaften und Unternehmensberater können ebenfalls – als Nachfrager nach Interim Managern – kostenlos auf die Interim Manager und Managerinnen direkt zugreifen und im eigenen Projektgeschäft einsetzen. Das bringt den Interim Managern, die sich auf

United Interim präsentieren, zusätzlich weitere Projektanfragen.

Auf der Website von United Interim finden sich ebenfalls Partnerunternehmen, die geprüfte Dienstleistungen und Produkte rund um Interim Management zu günstigen Konditionen anbieten (zum Beispiel Berater für Positionierung und Unterlagen, Weiterbildung, berufsspezifische Versicherungs- und Finanzthemen oder Mobilität).

United Interim geht auf konkrete Anregungen von Kunden und Interim Managern zurück: Immer wieder wurden die Gründer Dr. Harald Schönfeld (Herausgeber des vorliegenden Fachbuchs) und Jürgen Becker gefragt, ob es denn nicht möglich sei, einfach selbst in Interim Manager-Datenbanken zu suchen und dort Projekte auszuschreiben. „*Wie bei unseren Festanstellungen wissen wir doch auch bei Projektaufgaben ganz genau, welche Fähigkeiten wir suchen! Wir wissen nur nicht, wo!*“, lauteten die Aussagen der Unternehmen. United Interim ist als Antwort auf diese Anforderungen entstanden.

UNITED INTERIM GmbH
Kohlrainstrasse 10, CH-8700 Küsnacht / ZH, Schweiz
E-Mail: info@unitedinterim.com, Web: www.unitedinterim.com

Quellenangaben und Anmerkungen

[1] https://www.deutscheinterim.com/transformation-change/interim-ceo/pb/werk-sumzug-und-restrukturierung-der-produktion-china-elektrotechnik

[2] http://stritex.com.ua/en/asaichi-system

[3] https://de.wikipedia.org/wiki/Poka_Yoke

[4] https://de.wikipedia.org/wiki/5S

[5] https://www.toc-goldratt.com/en/topic/decisive-competitive-edge-dce

[6] https://www.tocinstitute.org/five-focusing-steps.html

[7] http://www.accountingexplanation.com/manufacturing_cycle_efficiency_mce.htm

[8] https://elischragenheim.com/2017/01/17/dynamic-buffer-management-dbm-the-breakthrough-idea-and-several-problems-to-solve/

[9] https://dspace.mit.edu/bitstream/handle/1721.1/40109/184986299-MIT.pdf?se-quence=2

[10] https://en.wikipedia.org/wiki/Theory_of_constraints

[11] https://de.wikipedia.org/wiki/Wertstromanalyse

[12] https://de.wikipedia.org/wiki/Andon_(Prozessoptimierung)

[13] https://enna.com/learning-center/using-the-steps-for-5s-red-tagging

[14] https://www.appvizer.com/magazine/collaboration/kaizen-approach

[15] https://de.wikipedia.org/wiki/A3-Report

[16] https://sloanreview.mit.edu/article/toyotas-secret-the-a3-report/

[17] https://www.researchgate.net/figure/Weak-points-of-the-lean-produc-tion_fig5_284158989

[18] https://qi.elft.nhs.uk/wp-content/uploads/2020/03/how-to-use-statistical-process-control-spc-charts.pdf

[19] https://www.six-sigma-material.com/Gage-RR.html

[20] https://www.researchgate.net/publication/301561265_Simplifying_Six_Sigma_Methodology_Using_Shainin_DOE

[21] https://www.investopedia.com/terms/f/fifo.asp

[22] https://www.industrystar.com/blog/2018/03/8-advantages-supplier-development/

[23] https://www.etmm-online.com/what-are-automotive-suppliers-a-49862ba4cad213f1bf88ce43cb7190e1/

[24] https://leanfactories.com/poka-yoke-examples-error-proofing-in-manufacturing-daily-life/

[25] https://upskillnation.com/root-cause-analysis

[26] https://en.wikipedia.org/wiki/Design_of_experiments

[27] https://cetecerp.com/blog/one-piece-flow.html

[28] https://kanbantool.com/kanban-guide/water-spider

[29] https://www.mudamasters.com/en/lean-production-theory/toyota-3m-model-muda-mura-muri

[30] https://blog.cpsgrp.com/nehp/8-wastes-of-lean-construction-overproduction

[31] https://kanbanize.com/lean-management/pull/kanban-pull-system

[32] https://productoo.com/solution/reduce-wip-inventory-reduction/#:~:text=WennProzent20SieProzent20einenProzent20hohenProzent20WIPProzent20haben,undProzent20wennProzent20erProzent20benötigtProzent20wird

[33] https://smallbusiness.chron.com/effect-cash-distribution-balance-sheet-24416.html

[34] https://www.researchgate.net/publication/276511504_Kaizen_as_a_Method_of_Management_Improvement_in_Small_Production_Companies

[35] https://tulip.co/blog/lean-manufacturing/what-is-standardized-work-and-how-to-apply-it/

[36] https://www.process.st/one-piece-flow/

[37] https://www.tocinstitute.org/examples-of-constraints.html

[38] https://en.wikipedia.org/wiki/Theory_of_constraints#The_five_focusing_steps

[39] https://www.qimacros.com/lean-six-sigma-articles/stability-analysis-vs-capability-analysis/

[40] https://www.100pceffective.com/blog/what-is-visual-management/

[41] https://nlctb.org/tips/increase-your-productivity-at-work/

[42] https://leanmanufacturingcoach.com/lean-model/

[43] https://leanmanufacturingcoach.com/step-4-improve-process-flow/

[44] https://www.marlinwire.com/blog/improve-manufacturing-throughput

[45] https://www.qualitymag.com/blogs/14-quality-blog/post/92258-five-techniques-for-reducing-manufacturing-wip-lean-six-sigma-project-opportunity

[46] https://en.wikipedia.org/wiki/Just-in-time_manufacturing

[47] https://quickbooks.intuit.com/r/supply-chain/why-reducing-manufacturing-lead-times-is-vital-for-your-business/

[48] https://asq.org/quality-resources/lean/value-stream-mapping

[49] https://kanbanize.com/continuous-flow/takt-time

[50] https://www.tocinstitute.org/toc-applications.html

[51] https://www.vistem.eu

[52] https://www.moresteam.com/lean/a3-report.cfm

[53] https://www.wiley.com/en-us/Examples+und+Probleme+in+Mathematischer+Statistik-p-9781118605837

[54] https://www.sciencedirect.com/science/article/abs/pii/S0142112312000412

[55] https://www.researchgate.net/publication/227844002_Statistical_Analysis_of_Defects_for_Fatigue_Strength_Prediction_and_Quality_Control_of_Materials

[56] https://www.5snews.com/obeya-the-lean-war-room/

[57] https://www.leanproduction.com/oee.html#:~:text=OEEProzent20(OverallProzent20EquipmentProzent20Effectiveness)Prozent20ist,wieProzent20möglichProzent2CProzent20mitProzent20keinerProzent20Ausfallzeit

[58] https://asq.org/quality-resources/control-chart

[59] https://limblecmms.com/preventive-maintenance/preventive-maintenance-plan/#:~:text=Vorbeugende%20Wartung%20(oder%20vorbeugende%20Wartung,und%20verursachen%20kostenintensive%20ungeplante%20Ausfallzeiten

[60] https://limblecmms.com/blog/7-things-to-consider-for-efficient-spare-parts-management/

[61] https://www.alfraconsulting.eu/what-is-andon/#:~:text=Andon%20ist%20ein%20japanisches%20Wort,Eskalations%20prozess%20zur%20schnellen%20Lösung

[62] https://en.wikipedia.org/wiki/Total_productive_maintenance

[63] https://www.deutscheinterim.com/transformation-change/interim-ceo/pb/niederlassung-von-us-unternehmen-china-neu-aufgestellt

[64] https://www.deutscheinterim.com/operations/einkauf/pb/interim-einkaufsleiter-bei-einem-automobilzulieferer-china

[65] https://kanbanize.com/de/lean-management-de/verbesserung/was-ist-pdca-zyklus

Quellenangaben und Anmerkungen